5小时 玩赚

ChatGPT

AI应用 从入门 到精通

AIGC文画学院 编著

U0392053

化学工业出版社

·北京·

内 容 简 介

5章专题内容讲解+40多个ChatGPT案例解析+50多集教学视频+80多个素材效果文件+120个实用干货内容+130多个指令赠送，助你一本书从入门到精通运用ChatGPT！随书还赠送了150多页PPT教学课件，辅助读者学习。

本书分为5大章节：了解市场、知晓原理、操作实战、精通运用、思路拓展，帮助读者轻松理解ChatGPT的原理和应用，掌握使用ChatGPT进行自然语言处理的基本技能，并有能力将ChatGPT应用于实际项目中。无论你是初学者还是有一定经验的开发者，这本书都将成为你学习和使用ChatGPT的理想指南。

本书内容高度凝练，由浅入深，综合理论与实战，适合以下人群阅读：一是对ChatGPT感兴趣的初学者、学生；二是从事人工智能相关行业的软件开发人员、工程师和程序员；三是从事数据科学和人工智能研究的数据科学家和研究人员；四是想要创作和优化内容的自媒体人、短视频博主、直播主播、电商商家、媒体工作者、文案写手；五是对自然语言处理和人工智能感兴趣的任何人。

图书在版编目（CIP）数据

5 小时玩赚 ChatGPT：AI 应用从入门到精通 / AIGC
文画学院编著 . —北京：化学工业出版社，2024.1
ISBN 978-7-122-44383-0

Ⅰ . ① 5… Ⅱ . ① A… Ⅲ .①人工智能 Ⅳ .① TP18

中国国家版本馆 CIP 数据核字（2023）第 210897 号

责任编辑：李 辰 孙 炜　　　　　　　　封面设计：异一设计
责任校对：李雨晴　　　　　　　　　　　　装帧设计：盟诺文化

出版发行：化学工业出版社（北京市东城区青年湖南街13号　邮政编码100011）
印　　装：三河市延风印装有限公司
787mm×1092mm　1/16　印张12$\frac{1}{2}$　字数240千字　2024年2月北京第1版第1次印刷

购书咨询：010-64518888　　　　　　　　售后服务：010-64518899
网　　址：http://www.cip.com.cn
凡购买本书，如有缺损质量问题，本社销售中心负责调换。

定　　价：68.00元

前言

党的二十大报告强调，"全党全军全国各族人民要紧密团结在党中央周围，牢记空谈误国、实干兴邦，坚定信心、同心同德，埋头苦干、奋勇前进，为全面建设社会主义现代化国家、全面推进中华民族伟大复兴而团结奋斗！"这一要求，指引着全国人民爱岗敬业、行稳致远和锐意进取。

在数字化时代发展的进程中，科技发展尤其需要上述精神，开发人员坚定信心，研发新的 AI（Artificial Intelligence，人工智能）技术和产品，普通个人接纳新的事物，培养自己不可被替代的能力，全国人民一同推进科技发展与时代进步。

随着科学技术研发的深入，ChatGPT 作为新的科技成果出现，无疑受到了社会广泛的关注。有人过度追捧，有人置身事外，有人忧心忡忡……各持己见，但无论持何种态度，与其空谈 ChatGPT，不如付诸行动去了解它，主动应对 ChatGPT 给我们的学习、生活或工作带来的变化，从了解 ChatGPT 入手，掌握 ChatGPT 的应用，并从 ChatGPT 的功能中窥探出更多机遇与可能性。

本书可以作为读者零基础入门 ChatGPT 的指南，从探究 ChatGPT 的市场趋势，到 ChatGPT 的技术原理，再到实操并精通 ChatGPT 的运用，最后拓展思维了解 ChatGPT 更多的应用场景，帮助读者一点点拨开 ChatGPT 的"迷雾"，最终看到 ChatGPT 更广阔的前景。

本书有以下 3 个亮点：

（1）高度凝练。书中将 ChatGPT 的来龙去脉高度凝练为 5 个专题内容，包括了解市场、知晓原理、操作实战、精通运用和思路拓展 5 大方面，让读者了解并运用 ChatGPT。

（2）高效学习。书中将 ChatGPT 的相关知识计划为 5 个小时阅读，让读者按照时间安排，循序渐进地精通运用 ChatGPT。

（3）物超所值。随书赠送教学视频、PPT 课件和指令，方便读者场景化跟随学习与练习。

本书内容高度凝练，由浅入深，综合理论与实战，无论是初学者还是有一定经验的开发者，这本书都能够给予你一定的帮助。

特别提示：本书在编写时，是基于 GPT-3.5 模型的 ChatGPT 的界面截的实际操作图片，但书从编辑到出版需要一段时间，在此期间，AI 工具的功能和界面可能会有变动，在阅读时，请根据书中的思路，举一反三，进行学习。还需要注意的是，即使是相同的关键词，ChatGPT 每次生成的回复也会有差别，因此，在学习的过程中，读者应把更多的精力放在 ChatGPT 关键词的编写和实操步骤上。

本书由 AIGC 文画学院编著，参与编写的人员还有朱霞芳等人，在此表示感谢。由于作者知识水平有限，书中难免有疏漏之处，恳请广大读者批评、指正，沟通和交流请联系微信：2633228153。

编著者

目录

第1小时
了解市场：ChatGPT引发新的
AI科技浪潮

ChatGPT是一种基于AI技术的聊天机器人，它经过自然语言处理和深度学习等技术的积累与演变，可以进行自然语言的对话，回答用户提出的各种问题。ChatGPT的出现可以说是AI发展的一大新突破。本章将从ChatGPT的市场发展这一维度出发来了解ChatGPT。

1.1 技术迭代：ChatGPT成就AI生成式应用

ChatGPT的核心算法基于GPT（Generative Pre-trained Transformer，生成式预训练转换模型）模型，是一种由AI研究公司OpenAI开发的深度学习模型，可以处理和深入理解自然语言。

ChatGPT最大的优势在于能够通过理解上文文本，来实现与用户进行连续性对话，且随着技术的升级与更新，ChatGPT给出的回复更为高效、准确且有智识。本节将介绍ChatGPT技术迭代的内容，让读者对ChatGPT实现文本生成有一定的理解。

1.1.1　ChatGPT 的完善来自多种技术升级

当前，ChatGPT内部经过了GPT-1、GPT-2、GPT-3、GPT-3.5、GPT-4不同阶段的演变，不断地升级与完善，以实现更高效的AI生成式应用。ChatGPT内部的迭代与更新离不开多种技术模型的演变与升级。这当中包括与机器学习、神经网络和Transformer模型相关的多种技术模型。下面分阶段进行详细介绍。

1. 前深度学习阶段

深度学习是AI实现自然语言处理（Natural Language Processing，NLP）必需的技术之一，也是ChatGPT实现文本生成和理解的核心技术。

前深度学习阶段大致是1950—1970年，AI采用基于规则的方法，让计算机能够理解、处理和生成自然语言。这一技术的原理在于先制定一系列的规则，然后将规则与所要处理的问题相匹配，从而达到自然语言处理的目的。

这些规则通常是与自然语言相关的，包括以下3种：

1）语法规则

例如，在判断语病的任务中，将同一句话中同时含有"付诸"和"于"这两个词的句子定义为重复多余类的病句，设置为规则。

2）词汇规则

例如，在归纳词性的任务中，将"纷繁""高湛""温和""独特""猛烈"等词汇归为形容词，设置为规则。

3）语义规则

在选择什么量词的任务中，将"一匹马""一扇窗""一羽鸽子"作为固定搭配，设置为规则。

采用基于规则的方法让计算机能够处理自然语言，有以下两个优势：

（1）关于自然语言的问题，只需与规则进行匹配，便可以获得回复，减少了工作流程，避免了某些技术上的失误。

（2）这一方法能够很好地用作处理专业性很强的自然语言问题，如医学、化学、法律等领域的文本问题。

但是，由于自然语言具有模糊性、多样性、复杂性等特点，规则的设置需要大量的人为操作，这些任务对于人类来说是复杂且难以完成的。自然语言会随着人类文明的进步而发展，因此，规则需要不断更新，这也是这类方法的缺陷所在。

★ 专家提醒 ★

自然语言，简而言之就是人类用于交流的语言，包括汉语、英语、法语、俄语、西班牙语等不同地域和民族的语言。自然语言处理是计算机科学与AI交叉的一个领域，它致力于研究计算机如何理解、处理和生成自然语言，是AI领域的一个重要分支。

2. 深度学习阶段

深度学习阶段是1970年至今，为克服基于规则的自然语言处理方法的缺陷，AI领域的技术人员研发了机器学习、神经网络和Transformer模型进行自然语言处理工作。在深度学习阶段，AI通过不断地进化与升级，可以实现学习和理解自然语言，并给出与人脑思维相似的文本回复。

深度学习阶段主要有4种技术模型：机器学习、神经网络、Transformer模型和ChatGPT模型。这4种技术模型依次演变与发展，后一种模型在前一种模型的基础上发展而来，具体介绍如下。

1）机器学习

随着计算机存储空间和处理能力的不断提高，自然语言处理开始采用机器学习方法，即通过学习大量的语言数据来自动推断语言规律，从而提高文本理解和生成的准确性，这种方法在机器翻译、语音识别等领域得到了广泛应用。

2）神经网络

神经网络，又称人工神经网络（Artificial Neural Networks，ANNs），是指一种AI模仿人脑神经网络行为特征的算法模型。神经网络可以像人脑思考一般处理自然语言问题，这也就是为什么一些AI机器人能够听懂人类的语言，并与人类进行对话的原因。神经网络有以下几种类型：

（1）按照模型结构划分，神经网络可以分为前馈型神经网络和反馈型神经网络。

① 前馈型神经网络是指将神经元分层连接来实现自然语言处理。其特征是多层神经元并列，每层接收上一层的所有信息；只单向传播，无反馈，其模型如图1-1所示。

② 反馈型神经网络是指各个神经元之间相互交互实现自然语言处理。在前馈型神经网络中，各个神经元"各司其职"，一层连接完成一次输出，所输出的结果只与当前的连接有关；而在反馈型神经网络中，各个

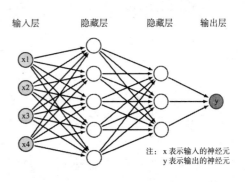

图1-1 前馈型神经网络模型

神经元之间连接，不仅与当前的连接有关，还能够联系到之前连接的信息，即反馈型神经网络具有很强的联想记忆，并且反馈型神经网络能够平衡、稳定地输出结果。

（2）按照学习方式划分，神经网络可以分为监督学习、无监督学习和半监督学习3种类型，具体介绍如图1-2所示。

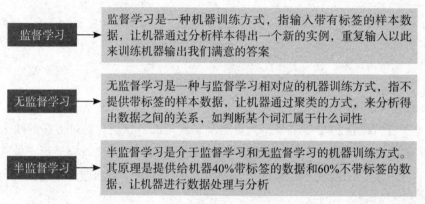

图1-2　神经网络的3种类型

（3）按照数据处理的方式，神经网络可以分为随机型神经网络和确定型神经网络。

无论哪种类型的神经网络，其都有运算速度快、联想能力强，以及容错性和适应性强的特征。

3）Transformer模型

Transformer模型是在神经网络的基础上发展而来的技术模型，其奠定了生成式AI模型的基础。Transformer模型是自然语言处理中的一大进步，主要优势如图1-3所示。

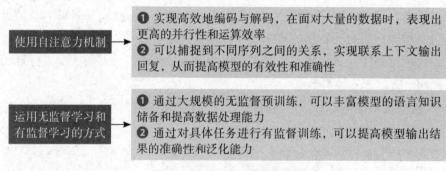

图1-3　Transformer 模型的优势

4）GPT模型

GPT模型在上述技术模型的积累中发展，最终形成了大规模的预训练语言模型，能够处理更为复杂的自然语言，并通过对上下文本的理解与人类进行高效、有意义的对话。

GPT模型经过了4个阶段的升级与演变，对比之前的语言模型，在性能上有了很大的提升，详细介绍如图1-4所示。

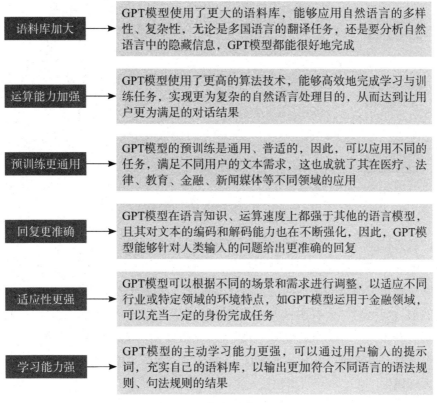

图 1-4　GPT 模型性能提升的表现

1.1.2　ChatGPT 以 Transformer 模型为基底

ChatGPT以GPT模型为核心算法，而GPT模型主要是基于Transformer模型而架构的语言模型，在技术应用和实现功能上都与Transformer模型息息相关，因此，了解ChatGPT可以从Transformer模型入手。下面将从Transformer模型的架构技术和实现功能入手来介绍ChatGPT。

1. 迁移学习技术

Transformer模型的基础架构离不开迁移学习技术。迁移学习技术是指将一项任务中学到的知识应用到另一项任务中，如学会如何写广告文案的技巧，可以将其经验应用到写宣传文案中。

迁移学习技术使Transformer模型能够进行深度学习，从而完成自然语言处理任务。Transformer模型主要是通过预训练的方式来实现深度学习的，这可以使Transformer模型完成很多复杂且多变的自然语言处理任务。

预训练方法是指让机器进行深度学习时，先"投喂"给机器一些普遍的、带有共性的知识，然后让机器从共性知识中分析出规律来完成特殊的自然语言处理任务。这种方法的核心思想在于分解学习任务，具体解析如图1-5所示。

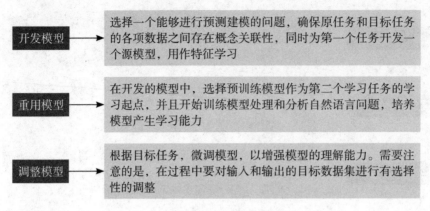

开发模型	选择一个能够进行预测建模的问题，确保原任务和目标任务的各项数据之间存在概念关联性，同时为第一个任务开发一个源模型，用作特征学习
重用模型	在开发的模型中，选择预训练模型作为第二个学习任务的学习起点，并且开始训练模型处理和分析自然语言问题，培养模型产生学习能力
调整模型	根据目标任务，微调模型，以增强模型的理解能力。需要注意的是，在过程中要对输入和输出的目标数据集进行有选择性的调整

图1-5 预训练方法的核心思想解析

2. 注意力机制

Transformer模型完全基于注意力机制（Attention Mechanism）连接编码器和解码器，能够应对比较深奥的文本问题。注意力机制，简而言之就是指Transformer模型在处理自然语言问题时，会自主择取关键词和关键信息，选择与问题最为相关的内容来进行回复。例如，Transformer模型在识别"A路过操场时被B踢的足球砸伤了"这句话时，会将提取出关键词"被"，而得出"A受伤了"而非"B"的结论。

3. 大规模化

如果说迁移学习技术通过预训练的方式使Transformer模型得以架构，那么大规模化则是强化Transformer模型的关键技术，大规模化也为GPT模型的演化奠定了基础。大规模化使更多语言模型得以优化、发展，主要包括以下3个方面。

（1）硬件的升级：在大规模化阶段，计算机的内存、运算速率、吞吐量进行很大程度的提升，能够满足语言模型处理复杂的语言任务。

（2）Transformer模型的开发：Transformer模型可以用于训练更多的语言模型，如基于Transformer模型产生的GPT模型，通过深度学习可以根据提示，联系上下文完成文本生成任务。Transformer模型为生成式AI领域做出了很大的贡献，具体说明如下。

① 运用Transformer模型无须人类花费大量的时间在标注训练集上，Transformer模型可以自行根据已标注训练集的规律，摸索出解决未曾被训练过的文本问题的方法，从而给出更优质的回复。这一优势直接带来了如下两个好处：

· 减少了训练语言模型的时间。

· 优化了语言模型的生成效果。

② Transformer模型可以将从已标注训练集中摸索出来的规律应用到其他的文本任务中，真正做到"举一反三""触类旁通"。

4. 实现功能

Transformer模型基于上述技术架构可以实现4种功能，如图1-6所示。

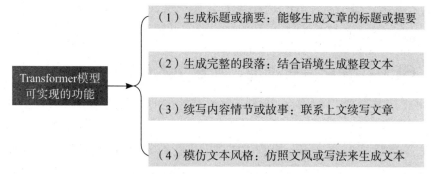

图 1-6 Transformer 模型可实现的功能

Transformer模型实现的这些功能都基于一定的技术原理，具体解析如下。

（1）生成标题或摘要。Transformer模型通过词嵌入（Word Embedding）来实现，具体生成步骤如下：区分字、词、句→计算相关文本的权重（基于内容特征）→选择相关文本组成摘要（用作备选）→针对限定条件整理、组合内容→形成完整的摘要。

Transformer模型在生成摘要时，可以选择原有素材拼接成摘要，也可以自创新词灵活地生成摘要。

★ 专家提醒 ★

词嵌入是将word（词汇）当作文本的最小单元，选择某个word映射或嵌入到另一个数值向量空间，使每个word都对应一种数值，如tree（树）对应[0, 0, 1, 0]，机器编码、解码时基于数值来构建模型，完成不同的自然语言处理任务。

（2）生成完整的段落。Transformer模型可以采用对话的方式来生成这类结构式文本，具体的步骤如下：运用注意力机制、多层感知器等筛选语句→通过Transformer模型理解上下文来形成最终文本。

在筛选语句阶段，若有数字、数值等准确的文本，语言模型还会对其进行推理，以增强不同数据之间的结构信息。

（3）续写内容情节或故事。Transformer模型采用随机自编码的方式来实现这一功能，具体步骤如下：随机Mask（遮挡）词语、句子或段落，训练机器自主复原→形成预训练模型→通过大规模预训练模型进行文本解码，推测最符合用户需求的答案→输出结果。

在这一功能中，随机Mask（遮挡）词语、句子或段落是指在文本数据库中随机选择一些词汇、句子等，将其用其他符号替代的机器训练方式，这样能够提高模型的稳定性和对未知数据的预测能力。

（4）模仿文本风格：让Transformer模型先采用无监督学习或强化学习的方法，将文本属性和内容分离，进行不同状态的编码；然后找到文本之间的对应关系，训练初始的文本迁移模型；最后生成目标文本迁移模型。

GPT模型在综合了Transformer模型的所有技术原理与优势的基础上，不断进行优化、升级，经历了GPT-1、GPT-2、GPT-3、GPT-3.5、GPT-4不同阶段的演变，以完成更接近人脑的文本生成任务。

1.1.3　GPT-1简化原有模型，加速文本理解

ChatGPT以GPT模型为核心技术支撑，其性能的提升离不开GPT模型的更新与升级。

GPT-1模型是在Transformer模型的基础上进化而来的初代生成式模型，源自2018年。相比Transformer模型，GPT-1模型减少了对标注数据的依赖性，采用无监督预训练和有监督微调相结合的方式来生成文本，更能应对自然语言的复杂性、模糊性和多义性。

GPT-1模型采用的文本生成方式详细介绍如图1-7所示。

图1-7　GPT-1模型采用的文本生成方式

GPT-1模型进行了简化处理，仅训练了12层的Transformer解码器，便能够根据上文推测出结果，从而让ChatGPT实现与人类对话。图1-8所示为GPT-1模型的架构图。

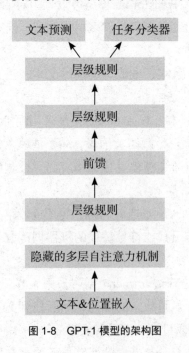

图1-8　GPT-1模型的架构图

1.1.4　GPT-2优化模型，使AI接近全能专家

GPT-2模型由GPT-1模型的优化与改良而来，相比GPT-1模型，它完全采用的是无监督学习方式，能够进行多任务的自然语言处理任务。

相对于原有模型，GPT-2模型做了3个方面的修改，如图1-9所示。

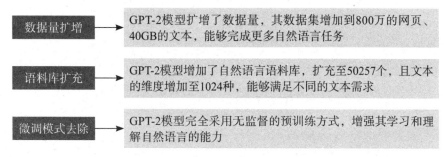

图 1-9　GPT-2 模型做出的修改

除此之外，GPT-2模型还增加了解码的层数，分别使用了24层、36层、48层的Transformer解码器，满足预训练生成文本的需求。

在进行了上述修改之后，GPT-2模型让ChatGPT生成的文本更接近人类思维所表达的话语，但GPT-2模型仍存在不足，具体说明如图1-10所示。

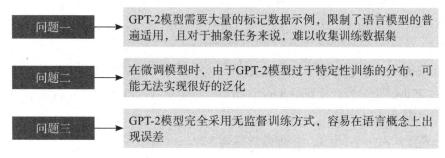

图 1-10　GPT-2 模型存在的不足

1.1.5　GPT-3改进模型，增加功能与提升性能

GPT-3模型是对GPT-2模型的改进与升级，相对之前的语言模型，在性能上有了很大的突破，具体介绍如图1-11所示。

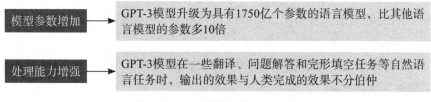

图 1-11　GPT-3 模型在性能上的突破

GPT-3模型还可以生成新闻文章样本，示例如图1-12所示。

标题：OpenAI推出GPT-3：一款革命性的语言模型

日期：2020年发布

在最新的科技突破中，OpenAI公司推出了GPT-3（Generative Pre-trained Transformer 3），这是一款引人注目的语言模型，为人工智能领域带来了巨大的突破和创新。

GPT-3是OpenAI团队建立在前几个版本的成功基础上的最新一代模型。它以前所未有的规模和参数数量震撼了世界。GPT-3拥有1750亿个参数，比之前最大的语言模型GPT-2大得多。这使得GPT-3能够在各种任务上展现出非凡的能力，包括文本生成、翻译、摘要和对话等。

这个巨大的参数数量使得GPT-3能够更好地理解和生成人类语言。它可以根据输入的文本和上下文来生成连贯、流畅的输出，几乎让人难以分辨其是否由人类撰写。这一点在各种测试中都得到了验证，GPT-3的文本生成质量令人惊叹。

GPT-3还展示了其强大的通用性和适应性。通过预训练，它可以适应不同的任务和领域，使得用户能够通过简单的指令来实现各种复杂的自然语言处理任务。它可以用于编写文章、撰写代码、回答问题、进行对话交互，甚至用于辅助创作和研究等领域。

然而，尽管GPT-3带来了许多令人振奋的创新，也有人对其潜在的滥用和伦理问题表示担忧。由于其潜在的误导性和欺骗性，人们担心GPT-3可能被用于虚假新闻、欺诈、操纵舆论等不道德行为。因此，OpenAI强调了责任和道德使用的重要性，并在使用GPT-3时提供了明确的指导原则。

图1-12　GPT-3模型生成的新闻文章样本示例

虽然GPT-3模型在少样本（few-shot）的测试中得出了较优的效果，且坚持采用了GPT-2模型的无监督学习方式，但仍逊色于监督微调方式。

由于GPT-3模型会自行创作一些回复，所以，GPT-3模型生成的结果容易出现不真实、有误导性或无意义的问题，基于此，InstructGPT模型（也可以称之为GPT-3.5模型）出现。

InstructGPT模型是对GPT-3模型的优化，加入了监督微调方式，训练出奖励模型，用奖励模型去强化学习，让InstructGPT模型生成更有效、准确的回复。InstructGPT模型的训练步骤如下：

Step 01 调整GPT-3模型，增加监督微调方式。

Step 02 训练奖励模型，接收文本并预测文本的质量。

Step 03 增强学习，得出更加令用户满意的回复。

1.1.6　GPT-4 深入理解文本，生成更有温度的回复

GPT-4模型基于InstructGPT模型而构建，增加了聊天属性，以ChatGPT的形式呈现，提供给公众使用。ChatGPT以聊天机器人的形态与人类进行对话，通过生成连续性文本来回复人类的问题，且相较于前面的语言模型，在理解人类话语的意图上有了极大的进步。

GPT-4模型是基于人类反馈数据的系统来完成训练的，训练策略包括以下3种。

1. 监督学习训练策略

GPT-4模型加入了对GPT-3模型进行监督微调的策略来完成训练，这类训练策略的步骤如下：

Step 01 收集说明数据，即给出prompt（提示或指令）的数据集。

Step 02 预设输出结果，即对符合期望的数据进行标记。

Step 03 输出结果，给出能够让用户满意的回复。

2. 训练奖励模型策略

GPT-4模型针对输出结果存在质量差的问题，在神经网络之外多训练一个奖励模型，具体训练步骤如下：

Step 01 对prompt数据集和若干模型的结果进行抽样。

Step 02 对输出结果进行优劣排序，让GPT-4模型优先输出优质的结果。

Step 03 将训练好的奖励模型来训练反馈模型，不断优化输出结果。

3. 增强学习模型策略

GPT-4模型还采用了增强学习模型策略对输出结果进行优化，训练步骤如下：

Step 01 从数据集中抽样并组成新的prompt，"投喂"给GPT-4模型。

Step 02 GPT-4模型根据新的prompt生成输出结果。

Step 03 反馈模型判断输出结果，并给出反馈结果（即判断GPT-4模型给出的回复是否符合人类的期待）。

Step 04 参考反馈结果，不断优化输出结果，让GPT-4模型给出最优解。

与此同时，GPT-4模型还采用了InstructGPT模型的大规模预训练方式，在理解自然语言、获取不同信息、分析用户情感等方面的性能有了很大的提升。

1.2 行业发展：AIGC奠定多场景商用基础

AIGC（AI Generated Content，人工智能生成内容）又称生成式AI。其借助AI技术自动生成内容，开拓了AI的多场景应用，助力数字化时代的发展。ChatGPT作为AIGC的重要板块，了解AIGC的行业发展能够帮助我们把握ChatGPT的应用方向。本节将为大家介绍AIGC的行业发展。

1.2.1 AIGC 基于 AI 提高生产力

在科技快速发展的当下，数字化时代成为新的人类文明正稳定向前，其中AI所贡献的力量不容小觑。AIGC则是AI高速发展的产物，利用AI技术自动生成内容，如编写代码、续写故事、与人类对话、生成文本转化为视频或图像等，AIGC都能够轻松实现。

下面将介绍AIGC的研发历程和产业链。

1. AIGC的研发历程

AIGC的研发经历过以下3个时期。

（1）萌芽时期（1950—1990年）：AIGC只限于小范围的测验，有计算机完成编曲、人机可对话的机器人雏形、语音能够控制的打字机3个方面的成就。

（2）沉淀时期（1990—2010年）：AIGC能够用作实际场景，有AI首创小说和英译中的同声传译应用两方面的成就。

（3）高速发展时期（2010年至今）：AIGC在内容多样性和完成度上有了很大的提升，且模型不断演化与创新，可以适应不同的应用场景。在这一时期，AIGC取得了AI还原内容逼真度、AI首创诗集、智能生成高清图片、智能生成连续性视频和输入文字生成图片等方面的成就。

2. AIGC的产业链

AIGC的产业链包括技术层、模型层和应用层，具体介绍如图1-13所示。

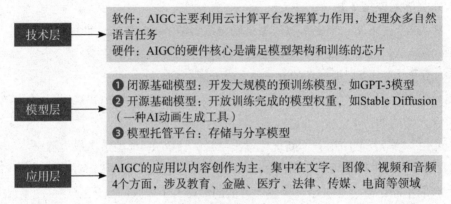

图 1-13　AIGC 的产业链

1.2.2　AIGC 技术具备了三大前沿能力

AIGC的出现意味着AI发展到了一个新的阶段，数字技术应用上了一个新的台阶，在技术层面体现为AIGC技术具备以下三大前沿能力：

1. 数字内容孪生能力

数字内容孪生能力使AIGC能够构建基于现实的虚拟世界，如描述人的外貌特征，AIGC能够还原具有这些特征的人类图像。数字内容孪生能力得益于智能增强技术与转译技术，相关介绍如下。

（1）智能增强技术可以减少内容生成过程中的失误，及时弥补信息损失。

（2）转译技术可以增强AI的理解能力，对同一个prompt可以生成不同形式的内容。

2. 数字编辑能力

数字编辑能力可以让虚拟世界与现实世界连接更为紧密，使AIGC既可以理解来自现实世界的自然语言，又能在虚拟世界中生成自然语言，反馈于现实世界，从而形成孪生-反馈闭环。

AIGC的数字编辑能力包括以下两个方面。

（1）智能语义理解：AIGC类模型在对自然语言进行编码与解码时，智能语义理解可以帮助其快速识别、分析与归类。

（2）属性控制：让AIGC类模型在理解的基础上进一步编辑、修改与完善，从而生成更为用户满意的结果。

3. 数据创作能力

数据创作能力是基于AIGC模态技术，实现AI创作的。数据创作能力使AIGC能够基于原有数据进行模仿创作生成新的内容，也能够基于对抽象概念的理解创作出新的内容。

AIGC原本起源于分析式AI，能够完成基于原有数据完成归类、预测等任务，而具备了数据创作能力，便能够在总结与归纳数据的基础上创作出全新的内容，这是AIGC的一大创新之处。

1.2.3　ChatGPT 为 AIGC 增添新的活力

ChatGPT是AIGC数字编辑能力运用的重要板块，在文字生成的应用中有重要的意义。因为AIGC依托生成技术而应用，分为文本、图像、视频、音频和跨模态5大内容模态，不同的模态有不同的细分应用场景，具体介绍如图1-14所示。

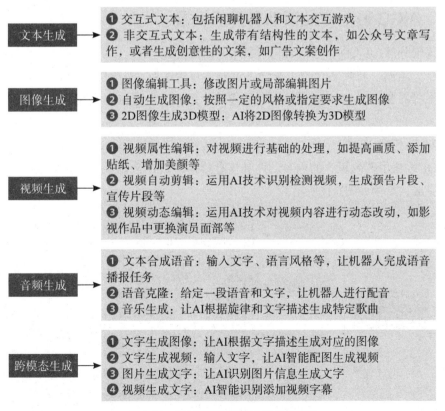

图 1-14　AIGC 内容模态的细分应用场景

其中，AIGC文本生成这一模态的商业化落地有一定的优势，详细介绍如下。

1. 技术层面上

从技术上看，AIGC文本生成有4个优势，如图1-15所示。

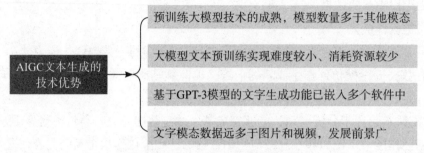

图 1-15　AIGC 文本生成的技术优势

2. 文本特征上

从文本特征上看，文本数据量大且获取难度小，能够及时满足大规模预训练模型的数据需求。

另外，相对于图像、视频或语音，文本还存在处理、传输占用内存小的优势，可以作为AIGC用于人机交互领域的首选。

1.2.4　AIGC 影响产业活动和升级发展

上述提到的AIGC内容模态都可以称为AI应用的新业态，这些新业态涉及传媒、影视、娱乐、电商、教育、金融、医疗、工业等多个领域，影响着不同的产业活动与发展。下面将简要介绍AIGC渗透于不同领域的应用，让大家对生成式AI的商用有一定的了解。

1. AIGC+传媒

AIGC改变了传统媒介的内容创作和信息传播模式，让传媒工作更多地用数字化的方式来完成，举例如图1-16所示。

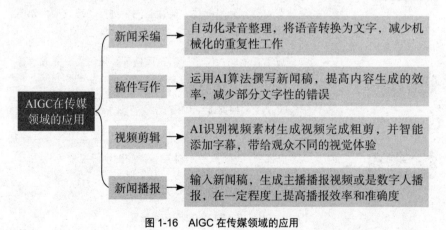

图 1-16　AIGC 在传媒领域的应用

2. AIGC+影视

AIGC以多样性的内容为影视作品提供不同的创作灵感，且能够高度还原剧本效果，从而提高影视作品的质量。AIGC对于影视作品的脚本创作、拍摄过程和后期剪辑均有帮助，具体介绍如图1-17所示。

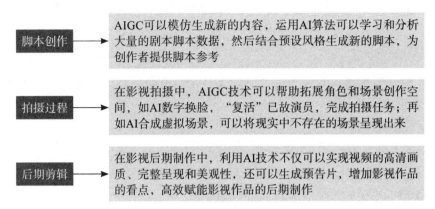

图 1-17　AIGC 在影视领域的应用

3. AIGC+娱乐

当前，随着数字化时代的深入，人们的娱乐方式越来越丰富，虚拟空间打破了现实世界中存在的地域、文化壁垒，让人们可以更沉浸式、趣味化地享受娱乐生活。AIGC在娱乐领域的应用表现在3个方面，如图1-18所示。

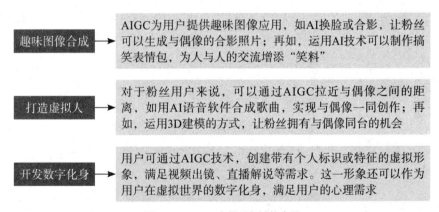

图 1-18　AIGC 在娱乐领域的应用

4. AIGC+电商

AIGC在电商中的应用主要是增加展示商品的维度、生成虚拟直播场景和生成虚拟主播，从而使电商行业实现创收利益和降本增效。AIGC在电商领域的应用详细介绍如下。

1）3D模型展示商品

AIGC可以将商品展示从2D图像转换为3D模型，创新商品展示形式。这一方式有以下两个好处：

（1）多角度展示商品，能够减少消费者的选品时间，缩短购物沟通时间。

（2）可以高度还原商品的使用或实操效果，增加消费者对商品的信任，进而减少商品订单的退换货率。

2）生成虚拟直播场景

AIGC技术可以构建3D的直播场景，让消费者和商家都获益，具体如下：

（1）3D的直播场景为消费者提供逼近真实、美观的视觉观感，让消费者产生沉浸式购物体验。

（2）AI技术相比3D技术成本较低，能够降低商家搭建立体的线上购物空间的门槛与成本。

3）生成虚拟主播

AIGC技术可以为不同的直播间打造具有特色的主播，完成介绍商品和用户咨询任务，弥补人工主播在时间和精力上的不足。同时，虚拟主播的可控性强，可以将其设计为贴近品牌的形象，以吸引更多年轻受众的关注。

5. AIGC+其他领域

AIGC在其他领域的应用可以起到拓宽新业务、提高工作效率和促进产业转型升级的作用。下面列举AIGC在教育、金融、医疗和工业4个领域的应用，如图1-19所示。

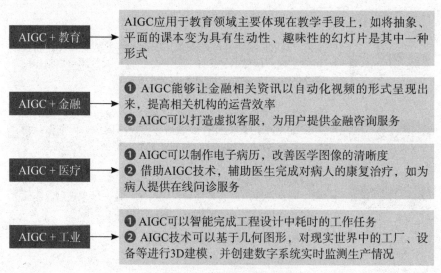

图 1-19　AIGC 在不同领域中的应用

1.3　商业方向：ChatGPT的商用前景可期

2023年2月，OpenAI公司公布了ChatGPT试点订阅计划，激励用户付费订阅ChatGPT Plus，让付费用户可以享受性能更稳定、优先体验新功能的服务。这便启动了ChatGPT商业化的进程，同时也意味着增加了ChatGPT商用的可能性。本节将介绍ChatGPT商业化的可能性方向。

1.3.1　ChatGPT 渗透传媒领域助力新闻写作

ChatGPT作为生成式AI的一部分，能够渗透传媒领域，助力新闻写作，表现在以下几个方面：

1. 提供选题方向

ChatGPT可以为新闻报道提供新闻选题方向，让新闻媒介有内容可以传播，如图1-20所示。

当然！以下是一些可以用作新闻报道的选题方向的示例：

1. 全球经济趋势和影响：关注全球主要经济体的增长和衰退、国际贸易局势的变化，以及各种经济政策的影响。
2. 科技和创新：报道最新的科技发展和创新趋势，例如人工智能、机器学习、区块链、物联网等，并分析其对社会、经济和文化领域的影响。
3. 社会问题和人权：探讨涉及社会公正、人权、性别平等、种族关系、移民问题等的议题，以及相关的活动和倡议。
4. 环境和可持续发展：关注全球气候变化、环境破坏、可再生能源、可持续农业等方面的问题，以及政策和行动对环境的影响。
5. 政治和国际关系：报道国内和国际政治事件、选举、外交关系、冲突和合作等问题，以及政治领导人和政策的变化。
6. 教育和青年发展：关注教育系统的改革、教育机会的不平等、青年就业和创业，以及教育技术的创新。
7. 健康和医疗：报道有关全球公共卫生问题、新型疾病、医疗技术进展和健康政策的新闻，以及相关的健康生活方式和医疗研究。
8. 文化和娱乐：关注艺术、文化事件、电影、音乐、文学、体育等领域的新闻，以及相关产业和趋势的报道。
9. 科学和探索：报道科学研究的最新发现，包括天文学、生物学、物理学、地球科学等领域的新闻。
10. 社交媒体和数字化：关注社交媒体平台、数字化革命、数据隐私和网络安全等问题，以及对社会、政治和个人生活的影响。

图 1-20　ChatGPT 提供新闻选题方向

2. 整理新闻素材

在新闻采编环节，记者或相关工作人员可能会需要进行现场采访，采访的内容以新闻稿的形式呈现给受众。此时，新闻工作人员可以将语音内容转换为文字内容，再通过ChatGPT整理这些内容，让其形成带有逻辑性、层次分明的新闻素材，后续工作人员只需稍微加工便可以使用。图1-21所示为ChatGPT整理的新闻素材示例。

3. 撰写新闻稿件

ChatGPT可以根据用户输入的关键词和特定要求，完成新闻稿件的撰写，示例如图1-22所示。

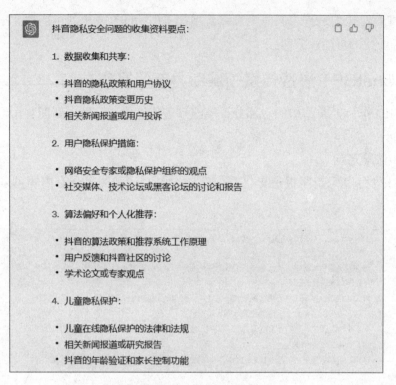

图 1-21　ChatGPT 整理的新闻素材示例

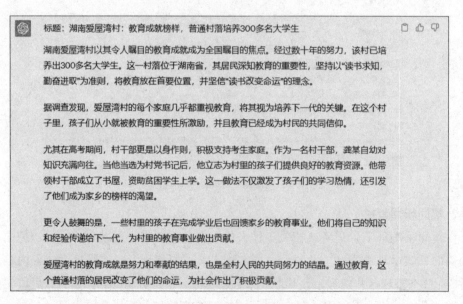

图 1-22　ChatGPT 撰写的新闻稿件示例

4. 协助新闻播报

当主播发生突发状况时，相关工作人员可以运用ChatGPT快速生成新闻稿件，然后将生成的新闻稿件借助视频生成软件合成视频，便可以作为新闻播报的应急视频，或者通过虚拟数字人完成播报。

1.3.2 ChatGPT 拓宽影视创作的认知边界

ChatGPT是以AI生成文本为核心功能的，因此，其对于影视领域来说最为有效的作用在于剧本或脚本的创作。ChatGPT可以根据大众的兴趣量身定制影视剧本，使影视剧本取得更好的收视率。具体来说，ChatGPT在影视领域的应用主要体现在以下几个方面：

1. 创作影视剧本

ChatGPT基于预训练机制，具有超强的学习能力，能够自创内容撰写影视剧本。用户给予ChatGPT一定的指示，便可以获得影视剧本，如图1-23所示。

标题：《失落的记忆》

场景1：医院走廊 - 白天

主角艾丽斯（30岁，妇科医生）走在医院走廊上。她手上拿着一份病历，看起来有些心烦意乱。她碰巧撞到了男主角杰克（35岁，护士）。

艾丽斯：哦，抱歉，我没看到你。我心烦事多，完全走神了。

杰克：没关系，你看起来不太好。有什么烦心事吗？

艾丽斯：是的，有一个病人的病历遗失了，我正在找。这是她的唯一治疗希望。

杰克：听起来很棘手。我能帮你一起找吗？

艾丽斯微笑，点点头。

场景2：艾丽斯办公室 - 晚上

艾丽斯和杰克坐在办公室里，翻阅文件。

艾丽斯：这个病历应该在这里的某个地方。我已经找遍了整个医院。

杰克：或许我们可以回忆一下，上次你是在哪里看到这份病历的？

艾丽斯皱眉思考了片刻。

艾丽斯：我记得我上个星期在这里查看过，但当时还有其他紧急情况，我可能把它放错地方了。

场景3：医院档案室 - 第二天

艾丽斯和杰克来到医院的档案室。他们开始搜索病历。

艾丽斯：这里的文件好多，我们可能需要整个下午才能找到。

杰克：别灰心，我们会找到的。

他们继续搜索，直到艾丽斯突然找到了一本病历。

艾丽斯（激动）：我找到了！这就是她的病历！

杰克也感到非常高兴。

图 1-23 ChatGPT 创作的影视剧本（部分内容）

2. 创作影视脚本

影视作品的拍摄过程需要脚本的指导，运用ChatGPT也可以为用户提供影视脚本参考，示例如图1-24所示。

3. 小说转为剧本

ChatGPT可以将小说转为剧本，为影视导演翻拍小说提供便利。图1-25所示为ChatGPT将小说转为剧本的范文示例。

总的来说，ChatGPT在影视行业的剧本创作中发挥着一定的作用，表现在以下两个方面：

（1）ChatGPT可以为创作者提供创作脚本的灵感，从而提高内容创作的效率。

（2）ChatGPT可以减少影视制作团队在内容创作上的时间成本，让影视制作团队将更多精力放在拍摄过程和后期制作中，从而提升影视作品的整体质量。

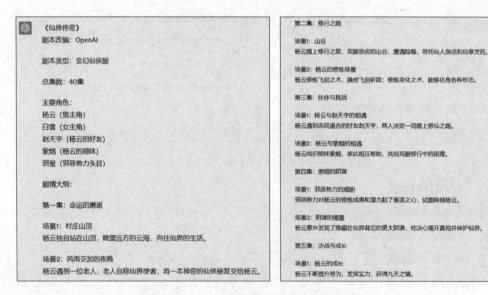

图 1-24　ChatGPT 提供影视脚本参考

图 1-25　ChatGPT 将小说转为剧本的范文示例

1.3.3　ChatGPT 生成营销文案赋能产品销售

　　ChatGPT可以运用到营销领域中，为企业生成产品推广文案、品牌宣传文案、宣传海报文案等营销文案，赋能产品销售和推广品牌。下面将具体介绍ChatGPT在营销领域的应用。

1. 生成产品推广文案

ChatGPT的架构是文本生成式模型，擅长进行内容创作，因此，ChatGPT能够为营销领域提供产品推广文案参考，从而节约产品的推广成本和提高效率。图1-26所示为ChatGPT提供的产品推广文案示例。

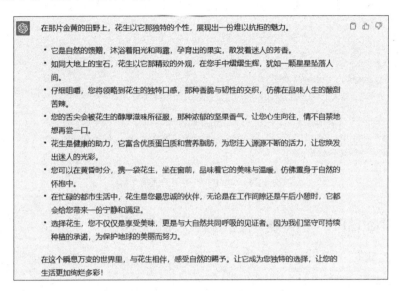

图 1-26　ChatGPT 提供的产品推广文案示例

2. 生成品牌包装文案

用户只需输入品牌的相关信息和生成品牌包装文案的要求，ChatGPT即可按照指令生成品牌包装文案，如图1-27所示。

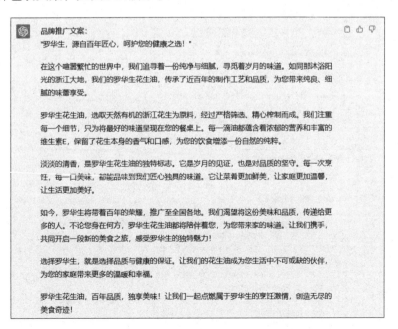

图 1-27　ChatGPT 生成的品牌包装文案

3. 生成海报文案

ChatGPT还可以生成适合海报宣传的文案，如图1-28所示，为产品提炼卖点，吸引受众。

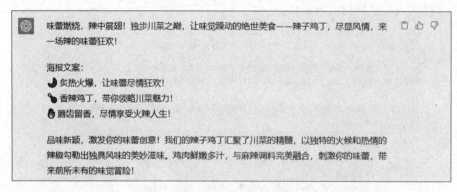

图 1-28　ChatGPT 生成的海报文案

1.3.4　ChatGPT 提供娱乐性增强人机互动

ChatGPT可以为用户提供聊天服务，成为用户解闷消遣、答疑解惑、情感咨询的伙伴，示例如图1-29所示。

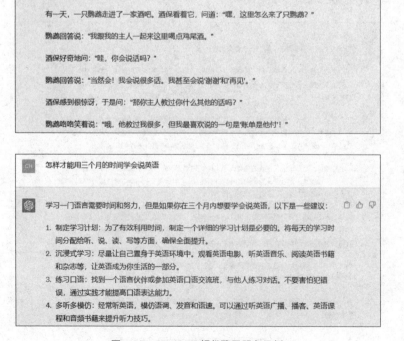

图 1-29　ChatGPT 提供聊天服务示例

1.3.5　ChatGPT满足学生自主学习的需求

ChatGPT应用于教育领域，对于学生来说，可以为学生提供学习指导、学习笔记的思路、作文灵感、论文大纲和论文降重等帮助，让学生多一些自主学习的机会。下面举例介绍ChatGPT对于学生的帮助。

1. 提供学习指导

当学生有某个知识点难以理解或想要深究某个概念时，可以将ChatGPT作为一个寻求帮助的途径。例如，学生对学吉他感兴趣，可以询问ChatGPT新手学习吉他的技巧，ChatGPT会给出相应的指导，如图1-30所示。

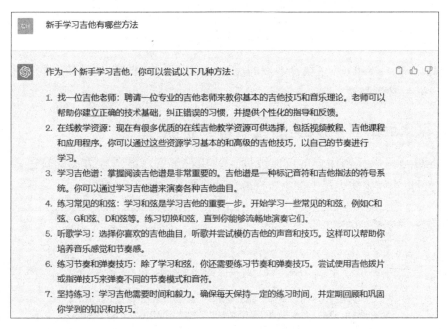

图 1-30　ChatGPT 提供学习指导

2. 提供作文灵感

写作文是学生最常见的学习任务，难免出现灵感枯竭，不知如何下笔的时候，这时便可以向ChatGPT寻求帮助，如提供给ChatGPT作文材料，让ChatGPT通过解读材料为用户提供灵感，示例如图1-31所示。

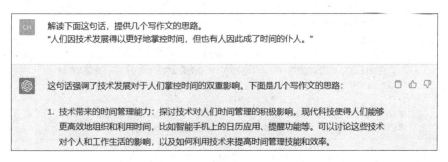

图 1-31

23

2. 技术导致的时间压力：讨论技术进步对人们的时间压力和忙碌程度的影响。现代社会中，人们可能会陷入无法停止的信息和社交媒体的循环中，导致时间分配不当和焦虑。可以讨论如何避免技术对时间管理的负面影响，例如限制使用社交媒体的时间，培养注意力管理技巧等。

3. 技术依赖的副作用：探讨技术发展对人们的依赖程度和时间束缚的可能性。现代科技的发展使得人们容易沉迷于技术设备和应用程序，无法自由支配自己的时间。可以讨论如何减少对技术的过度依赖，培养独立思考和自主管理时间的能力。

4. 技术的平衡应用：探讨技术发展在时间管理方面的平衡应用。技术本身并非问题所在，而是人们如何使用和管理技术的关键。可以讨论如何合理利用技术来提高工作效率和生活质量，同时避免沦为时间的奴隶。强调自律和目标导向的重要性，以及如何制定健康的技术使用习惯。

无论选择哪个思路，都可以通过举例、引用专家观点或个人经验来支持论点，使文章更具说服力和可读性。

图 1-31　ChatGPT 提供作文灵感示例

除此之外，ChatGPT在教育领域的应用也可以帮助教师生成教学大纲、梳理教学重难点及开发教学资源。

1.3.6　ChatGPT 为人类的健康保驾护航

ChatGPT可以充当用户的健康顾问，为用户解答一些医疗方面的疑惑。例如，ChatGPT可以为糖尿病人提供健康、营养的饮食建议，如图1-32所示。

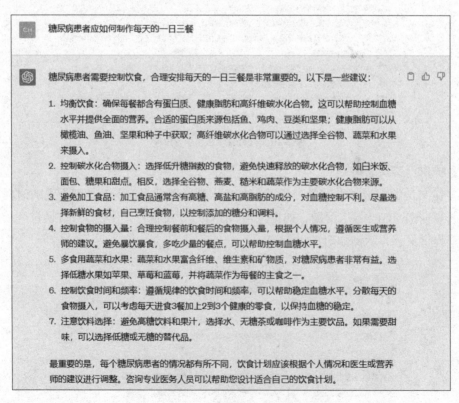

图 1-32　ChatGPT 提供健康、营养的饮食建议

当用户想要了解某些疾病的原理时，可以询问ChatGPT，如询问ChatGPT"抑郁症产生的原因是什么"，ChatGPT会给出抑郁症的病因解释等，为用户解答医学上的疑惑，如图1-33所示。

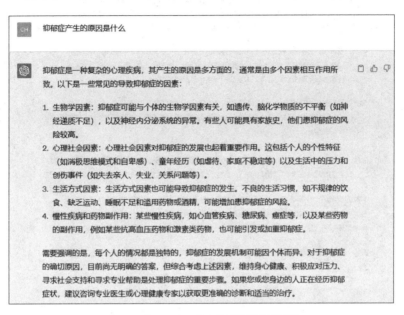

图 1-33 ChatGPT 给出抑郁症的病因解释

1.3.7 ChatGPT 进一步降低自媒体的门槛

在如今自媒体高速发展的时代，ChatGPT的应用可以帮助用户进行自媒体的内容创作，进一步降低自媒体的门槛。无论是社交媒体文案、宣传软文，还是短视频脚本、标题文案，都可以通过ChatGPT的文本生成功能实现。下面介绍ChatGPT在自媒体领域的应用。

1. 生成自媒体文章

自媒体文章具有内容简短直观、形式多样、互动传播性强等特征，ChatGPT能够结合这些特征为用户生成自媒体文章参考，示例如图1-34所示。

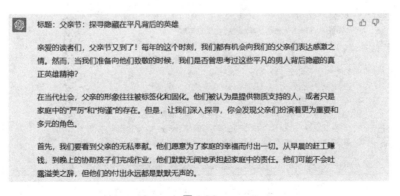

图 1-34

其次，父亲们展现出坚韧和勇气。他们是孩子们心中的超级英雄，无论是面对生活中的挑战还是保护家庭免受困难的侵害。他们以他们的坚定意志和无畏精神教会我们勇敢面对困境，并从中学会成长。

父亲们也是知识的引路人。他们不仅是孩子们的第一任老师，还是人生智慧的传递者。他们通过分享自己的经验和教训，帮助我们在人生的道路上找到正确的方向。他们鼓励我们勇往直前，激发我们的好奇心，并为我们的梦想提供支持。

最后，父亲们是温暖的拥抱。他们不仅在物质上支持我们，更在精神上给予我们安慰和鼓励。无论是在失败时还是成功时，他们总是在我们身边，给予我们坚定的信心和无尽的爱。他们的怀抱是我们最安全的港湾，也是我们人生中最珍贵的财富。

因此，当我们庆祝父亲节时，让我们不仅仅是赠送一份礼物或送上一声祝福。让我们真正感受到父亲的伟大和无私。让我们向他们倾诉我们的爱意，向他们表达我们的感激，向他们传递我们的关心。

最后，让我们将这种对父亲们的赞美和感激延伸到平常的日子里。让我们在每一天都记得他们的辛勤工作和无私奉献。因为他们的爱是永恒的，他们的付出是无条件的。

亲爱的读者们，父亲节是一个值得庆祝和纪念的日子。让我们不仅仅停留在表面的庆祝，而是更加深入地认识和赞美这些平凡英雄。让我们向他们致敬，感谢他们，因为他们是我们生命中最重要的人。

愿每个父亲都能感受到我们的爱，愿他们在他们的父亲之旅中找到幸福和满足。在这个特殊的日子里，让我们共同庆祝这些真正伟大的人物。

祝所有的父亲们，父亲节快乐！

图 1-34　ChatGPT 生成自媒体文章

2. 生成社媒文案

在互联网时代，人们习惯于依赖网络进行人与人之间的交流与沟通，微信朋友圈是最常见的形式之一。通过微信朋友圈，家人能够及时关注在外子女的动态，朋友之间能够互相掌握彼此的生活状态，陌生人之间能够找到拉近距离的话题，因此，微信朋友圈对于大多数人来说是必不可缺的。

ChatGPT可以帮助用户生成微信朋友圈文案参考，让用户分享的生活状态有好的文案添彩，示例如图1-35所示。

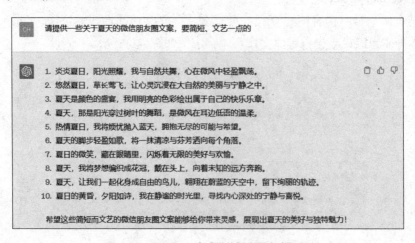

图 1-35　ChatGPT 生成微信朋友圈文案示例

3. 生成短视频文案

短视频是当前大众所喜闻乐见的娱乐方式，对于短视频创作者来说，想要自己制作出来的短视频受到用户的喜爱，就必须重视文案的作用。ChatGPT可以为创作者提供短视频文案参考，示例如图1-36所示。

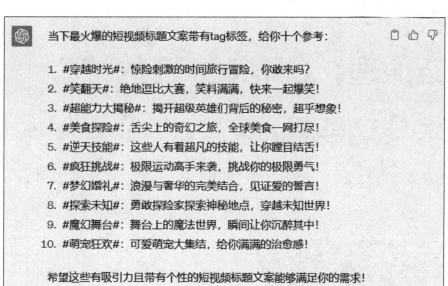

图 1-36　ChatGPT 生成短视频文案示例

本章小结

本章主要向读者介绍了ChatGPT的技术迭代、行业发展和商业方向3个方面的内容，让读者从这3个维度来了解ChatGPT的市场发展，从而形成对ChatGPT的初步认知，以便后续更好地学习ChatGPT的操作。

课后习题

鉴于本章知识的重要性，为了帮助读者更好地掌握所学知识，本节将通过课后习题，帮助读者进行简单的知识回顾和补充。

1. 回顾所学，想一想GPT模型相比之前的模型有哪些性能上的提升？

2. ChatGPT的商用领域除了传媒、影视、营销、娱乐、教育、医疗、自媒体这7个，还可以应用于其他领域吗？

第2小时

知晓原理：ChatGPT的核心技术与功能揭秘

本章将从揭秘ChatGPT的核心技术和实现功能出发，进一步介绍ChatGPT的相关要点，让读者拨开ChatGPT的"迷雾"，深入了解其原理，进而更好地学习后续的操作和应用。

2.1　工作原理：ChatGPT的核心技术解析

经过上一章的学习，我们大致对ChatGPT的技术原理有了些许印象。ChatGPT是基于GPT模型架构而产生的聊天机器人，GPT模型现已升级到GPT-4模型版本，能够给予用户更为准确和有温度的回复。

那么，ChatGPT基于模型的升级而实现与人类进行更有温度的对话，其强大的技术支撑包含哪些呢？本节将为大家解析ChatGPT的核心技术，让大家对ChatGPT的工作原理能够"知其所以然"。

2.1.1　深度学习基础让 ChatGPT 会"学习"

ChatGPT作为聊天机器人，最大的优势在于能够基于人类的话语给出相应的回复，即人类只要向ChatGPT抛出问题，ChatGPT就能给出回答。ChatGPT实现这一功能主要是具有深度学习基础。

深度学习是机器学习的升级技术，机器通过深度学习能够学习和理解人类的语言，并与人类进行对话。

深度学习通过模拟人脑的神经网络构造来理解自然语言，以人类思维来生成回复，因此，能够与人类进行对话交流，相关介绍如图2-1所示。

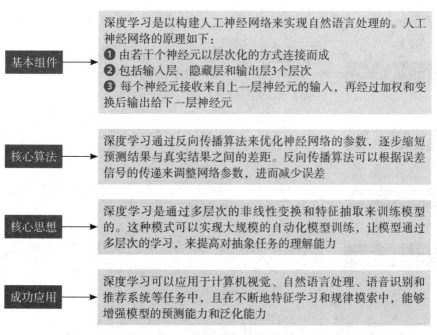

图 2-1　深度学习的相关介绍

ChatGPT的模型具备了深度学习的基础，使得ChatGPT能够完成复杂的自然语言处理任务。

2.1.2 注意力机制基础让 ChatGPT 关注重点

注意力机制是模型进行深度学习必不可少的技术，它能够让模型合理地分配注意力，将主要精力放在重要的数据或序列上，如同人脑在处理多个事件时，会有轻重缓急之分。ChatGPT的成功实践离不开注意力机制。

在深度学习中，注意力机制可以用作处理相同序列之间的转换任务，如文本翻译、文本摘要等任务。

注意力机制的核心思想是根据当前生成位置的需求，对输入序列进行不同位置的权重分配或注意力值，使模型在输出时可以根据上下文动态地选择最为相关的序列，在ChatGPT的文本生成中体现为根据对话的上下文来生成回复。

注意力机制的基本组件有3个部分，具体介绍如图2-2所示。

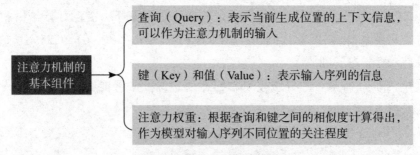

图 2-2　注意力机制的基本组件

根据得出注意力权重的不同方式，注意力机制可以分为4种类型，如图2-3所示。

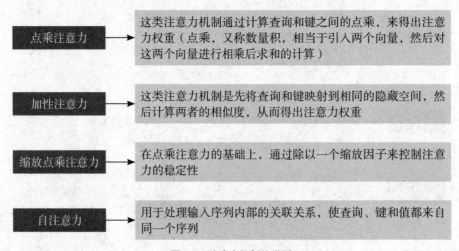

图 2-3　注意力机制的类型

2.1.3 循环神经网络基础让机器具备联想记忆

循环神经网络（Recurrent Neural Network，RNN）是一种神经网络模型，用于处理序列数据。RNN能够循环连接序列上的信息，让机器具备联想记忆，从而生成联系上下文的回复。ChatGPT的工作原理带有RNN的基础。下面介绍RNN的网络结构、核心思想和模型特色。

1. 网络结构

RNN分为输入层、隐藏层和输出层3个层次，这3个层次的连接模式如下：

Step 01 RNN接收由神经元输入的数据。

Step 02 根据当前的输入和前一个步骤的隐藏状态来计算当前输入的隐藏状态。

Step 03 将计算好的隐藏状态输出并更新，以便于下次使用。

2. 核心思想

RNN的核心思想是在隐藏层之间进行循环连接，是神经网络可以接收之前的输出，并传递给下一个步骤，从而使RNN能够通过建模捕捉到序列中的上下文信息。

3. 模型特色

RNN在处理序列时有4个特色和优势，如图2-4所示。

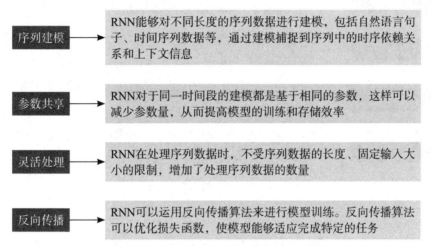

序列建模	RNN能够对不同长度的序列数据进行建模，包括自然语言句子、时间序列数据等，通过建模捕捉到序列中的时序依赖关系和上下文信息
参数共享	RNN对于同一时间段的建模都是基于相同的参数，这样可以减少参数量，从而提高模型的训练和存储效率
灵活处理	RNN在处理序列数据时，不受序列数据的长度、固定输入大小的限制，增加了处理序列数据的数量
反向传播	RNN可以运用反向传播算法来进行模型训练。反向传播算法可以优化损失函数，使模型能够适应完成特定的任务

图 2-4 RNN 的模型特色

RNN的模型特色让ChatGPT在处理自然语言上能够基于上文语境生成回复，因此，ChatGPT相当于有了人脑的"思维"。

2.1.4 自然语言处理基础实现文本理解与生成

自然语言处理是让AI具备理解、处理和生成自然语言能力的重要研究。其针对自然语言的词汇、语法、句法、语义等层面，让AI进行建模与分析，从而实现AI完成文本翻译、文本分类、情感分析、知识问答、文本续写等任务。ChatGPT是自然语言处理的研究成果之一。

自然语言处理通常有9种处理任务，如图2-5所示。

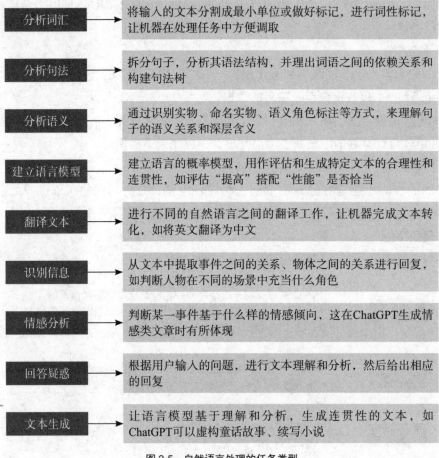

分析词汇	将输入的文本分割成最小单位或做好标记，进行词性标记，让机器在处理任务中方便调取
分析句法	拆分句子，分析其语法结构，并理出词语之间的依赖关系和构建句法树
分析语义	通过识别实物、命名实物、语义角色标注等方式，来理解句子的语义关系和深层含义
建立语言模型	建立语言的概率模型，用作评估和生成特定文本的合理性和连贯性，如评估"提高"搭配"性能"是否恰当
翻译文本	进行不同的自然语言之间的翻译工作，让机器完成文本转化，如将英文翻译为中文
识别信息	从文本中提取事件之间的关系、物体之间的关系进行回复，如判断人物在不同的场景中充当什么角色
情感分析	判断某一事件基于什么样的情感倾向，这在ChatGPT生成情感类文章时有所体现
回答疑惑	根据用户输入的问题，进行文本理解和分析，然后给出相应的回复
文本生成	让语言模型基于理解和分析，生成连贯性的文本，如ChatGPT可以虚构童话故事、续写小说

图 2-5 自然语言处理的任务类型

2.2 实现方式：ChatGPT的训练方法和流程

ChatGPT基于上述核心技术能够完成连续性文本生成任务，如撰写文章、续写故事、改写剧本、回复邮件等，且这些功能发挥作用是通过训练ChatGPT模型来实现的。本节将介绍训练ChatGPT模型的方法与流程。

2.2.1 步骤一：准备数据

OpenAI收集了大量的文本数据作为ChatGPT的训练数据，这些数据包括互联网上的文章、书籍内容、时事新闻、维基百科的资讯等。数据准备的流程分为以下几个步骤。

1. 数据收集

OpenAI团队从互联网上收集ChatGPT的训练数据。这些数据来源包括网页、维基百科、书籍及新闻文章等，收集的数据覆盖了各种主题和领域，以确保模型在广泛的话题上都有良好的表现。

2. 数据清理

在收集的数据中，可能存在一些噪声、错误和不规范的文本，因此，在训练之前需要对数据进行清理，包括去除HTML（Hyper Text Markup Language，超文本标记语言）标签、纠正拼写错误和修复语法问题等。

以知乎文章为例，当我们想要将ChatGPT模型训练成可以生成知乎文章的AI工具时，在收集好知乎的文本数据之后，接下来便是进行数据清理。在数据清理时，需要进行图2-6所示的操作。

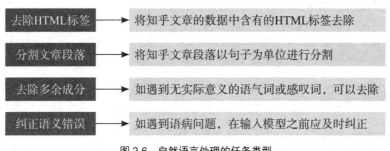

图2-6　自然语言处理的任务类型

3. 分割和组织

为了有效训练模型，文本数据需要被分割成句子，来作为适当的训练样本。同时，要确保训练数据的组织方式，使得模型可以在上下文中学习和理解。

数据准备是一个关键的步骤，它决定了模型的训练质量和性能。OpenAI致力于收集和处理高质量的数据，以提升ChatGPT模型处理自然语言任务的性能。

2.2.2　步骤二：预设模型

ChatGPT使用了Transformer的深度学习模型架构。Transformer模型以自注意力机制为核心，能够在处理文本时更好地捕捉上下文关系。相比传统的循环神经网络，Transformer能够并行计算，处理长序列时具有更好的效率。Transformer模型由3部分组成，具体介绍如图2-7所示。

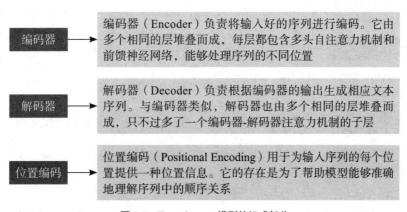

图2-7　Transformer 模型的组成部分

Transformer模型通过训练大量数据来学习输入序列和输出序列之间的映射关系，使其在给定输入时能够生成相应的输出文本。这种模型架构在ChatGPT中被用于生成自然流畅的文本回复。

2.2.3　步骤三：训练模型

ChatGPT通过对大规模文本数据的反复训练来学习如何根据给定的输入生成相应的文本输出。在经过不断的训练后，模型逐渐学会理解语言的话语模式、语义表达和语法逻辑。训练ChatGPT的模型有3种形式，如图2-8所示。

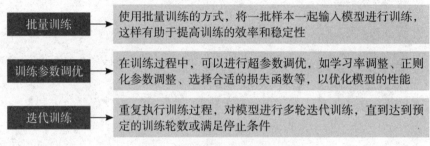

图 2-8　训练 ChatGPT 模型的形式

★ 专家提醒 ★

学习率是指参数更新的速度，影响模型的收敛速度。正则化参数是指控制模型复杂度的参数。损失函数则是用于衡量模型输出与实际标签之间差异的函数，影响模型输出的准确率。

模型训练的结果取决于数据质量，通过反复的训练，模型逐渐学会理解语言的模式、语义和逻辑，并生成流畅合理的文本回复。

2.2.4　步骤四：部署应用

在对模型进行训练和调优好之后，可以将其部署到应用场景中。模型部署一般有5个流程，如图2-9所示。

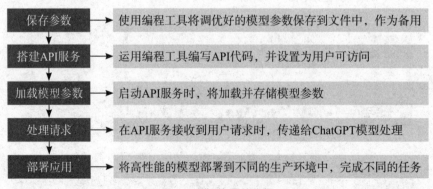

图 2-9　模型部署的流程

上述API服务中的API是Application Programming Interface的英文缩写，指应用程序

接口，主要用于衔接软件系统的各个部分。

ChatGPT使用训练得到的模型参数和生成算法，会根据用户输入的问题生成一段与输入相关的文本。它将考虑语法、语义和上下文逻辑，来生成连贯和相关的回复。

ChatGPT生成的文本会经过评估，以确保其流畅性和合理性。OpenAI致力于提高生成文本的质量，通过设计训练目标和优化算法来尽量使ChatGPT的回复更符合人类的表达方式。

需要注意的是，用户在实际应用ChatGPT生成的文本时，建议进行人工审查和进一步的验证。

2.3　展示功能：ChatGPT对话处理技术的应用

ChatGPT基于核心技术和训练模型可以实现内容生成的功能，包括对话聊天、充当咨询顾问、充当语音助手、创作音乐、制订计划、制订方案、开发程序、完成游戏、编写文案、创作视频脚本、协助论文写作、写作文章和小说等。本节将简要介绍ChatGPT的这些功能与应用。

2.3.1　ChatGPT 能够流畅地与人对话聊天

用户可以向ChatGPT发起对话，讨论自己感兴趣的话题或问题，并与ChatGPT进行互动。ChatGPT的对话聊天功能有很多用处，下面列举了一些具体作用。

1. 提供信息和答案

ChatGPT可以回答各种问题，包括娱乐、科技、文化、健康等领域。用户可以在ChatGPT上获得关于特定主题的信息和答案，而无须进行烦琐的搜索。例如，在ChatGPT中输入"天为什么是蓝色的？"，ChatGPT的回答如图2-10所示。

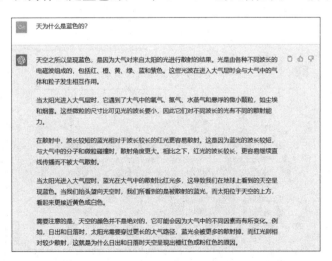

图 2-10　ChatGPT 关于知识问题的回答

2. 学习语言和文化

ChatGPT可以用不同的语言和文化进行交互，这可以帮助用户学习新的语言和文化，以及了解不同文化之间的差异和相似之处，如运用ChatGPT可以进行不同语言之间的翻译。

3. 关注心理健康

OpenAI团队研发了不同的语言模式，致力于让ChatGPT起到情感陪伴的作用，因此，ChatGPT可以作为一种心理健康工具。用户可以与ChatGPT交流，讨论他们的情感和心理问题，相关对话示例如图2-11所示。虽然ChatGPT不能代替真正的治疗，但是它可以为用户提供一些精神支持和实操性的建议，帮助用户走出情绪阴霾。

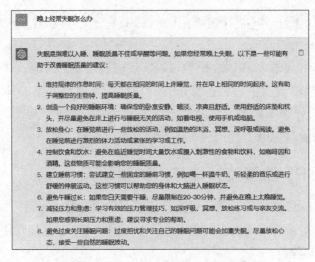

图 2-11　与 ChatGPT 讨论心理问题的对话示例

4. 娱乐消遣

ChatGPT可以作为一种娱乐方式，与AI交互可以带来一些新奇的体验。用户可以与ChatGPT进行有趣的对话，包括问答、笑话和有趣的互动等，相关对话示例如图2-12所示。

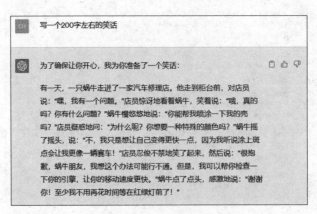

图 2-12　ChatGPT 讲的笑话示例

5. 商业和客户服务

ChatGPT可以用于商业和客户服务，企业可以使用ChatGPT与客户交流，回答常见问题或提供支持和帮助。ChatGPT还可以用于自动化客户服务，提高效率并节省人力成本。

6. 聊天游戏

用户可以使用一种不同于日常对话的语言挑战ChatGPT，看看它是否能够理解你的意思，并做出正确的回答，示例如图2-13所示。

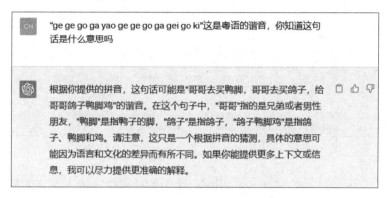

图 2-13　与 ChatGPT 进行聊天游戏

2.3.2　ChatGPT 充当咨询顾问，给出建议

ChatGPT作为一个大型的语言模型，可以为用户提供咨询服务，用户可以向它提出自己的问题或关注点，ChatGPT会为用户提供相关的信息和建议。当用户需要咨询顾问服务时，应尽量提供详细的问题描述和相关的背景信息，这样ChatGPT才能更好地理解用户的需求并给出有价值的建议，下面通过一个案例进行说明。

我们需要向ChatGPT提供我们的身份背景、业务性质，并表明任务需求。例如，告诉ChatGPT "我是一名互联网产品经理，需要做一个面向大型企业的CRM（Customer Relationship Management，客户关系管理）系统。我应该怎样设计我的产品功能来提高一线销售人员的工作效率"，ChatGPT会针对我们的问题给出建议，如图2-14所示。

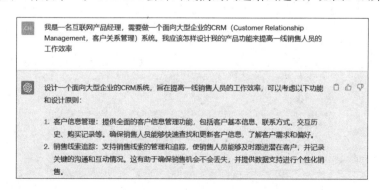

图 2-14

3. 销售机会管理：为销售人员提供一个集中管理销售机会的功能，包括机会创建、状态跟踪、销售阶段管理等。通过清晰的销售流程和可视化的销售漏斗，销售人员可以更好地了解和推动销售进程。

4. 智能分析和报告：整合数据分析和报告功能，为销售人员提供关键指标和业绩分析，帮助他们评估销售进展、识别潜在机会和问题，并做出相应的决策。智能预测和推荐功能可以帮助销售人员更好地了解客户需求，提供个性化建议。

5. 协作与团队合作：提供协作和团队合作功能，便销售人员能够与团队成员共享信息、任务和进展情况。协作工具、即时通讯和共享文档等功能有助于团队协同工作，提高工作效率和协作效果。

6. 移动端支持：设计一个移动端应用，便销售人员能够随时随地访问CRM系统，查看客户信息、更新销售进展、添加备注等。移动端应用应提供简洁、易用的界面，并与主系统实时同步数据。

7. 整合其他工具和系统：将CRM系统与其他常用工具和系统（如电子邮件、日历、在线会议等）进行集成，简化销售人员的工作流程，减少重复操作和信息碎片化，提高工作效率。

8. 用户界面和用户体验：注重用户界面的友好性和用户体验的设计，确保系统操作简单直观，功能布局合理，信息展示清晰。提供个性化设置选项，允许销售人员根据自己的偏好进行定制，提高工作效率和用户满意度。

9. 培训和支持：提供全面的培训和支持，确保销售人员能够熟练使用CRM系统并充分发挥其功能。建立良好的反馈机制，及时解决用户反馈和问题，持续改进系统功能和用户体验。

最重要的是，与一线销售人员保持密切的沟通和反馈，了解他们的需求和挑战，不断优化和改进CRM系统，以满足他们的实际工作需求，提高工作效率和销售绩效。

图2-14　ChatGPT针对问题给出建议

还可以让ChatGPT帮忙设计一个CRM系统的产品架构，输入相应的需求，可以得到ChatGPT的设计方案，如图2-15所示。

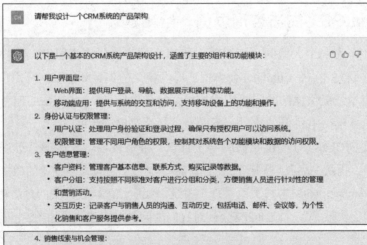

> 8. 第三方集成：
> - 邮件和日历：与常用的邮件和日历系统集成，方便销售人员将沟通和日程安排同步到CRM系统中。
> - 电子表格和文档：支持与电子表格和文档编辑工具的集成，方便销售人员在CRM系统中查看和编辑相关文档。
> 9. 系统管理与配置：
> - 系统设置：提供管理员角色的配置选项，包括用户管理、权限设置、数据字段自定义等。
> - 数据备份和恢复：确保数据的安全性和可靠性，支持定期备份和恢复操作。
>
> 该产品架构可以作为一个基础设计，具体实现时可以根据企业的需求和规模进行定制化开发和部署，以适应不同的业务场景和用户需求。

图 2-15　ChatGPT 关于 CRM 系统产品架构的设计方案

★ 专家提醒 ★

　　需要注意的是，即使是相同的问题，ChatGPT每次回答的内容也有可能不同，而且它的回答可能不是100%适用于用户描述的特定情况，因此，只是一种参考意见，用户需要自行决定是否采纳它的建议，并承担因此产生的责任和风险。

2.3.3　ChatGPT 可以接入手机充当语音助手

　　利用ChatGPT模型实现自然语言识别和语义理解，将用户的语音指令转换为可执行的操作，如打开某个应用程序、查询天气、播放音乐等。例如，用户可以将ChatGPT接入Siri中，实现与ChatGPT进行语音对话，如图2-16所示，同时让手机的语音助手智商提升一个挡位。

图 2-16　将 ChatGPT 接入 Siri 中

2.3.4 ChatGPT 在音乐创作方面也有所涉猎

ChatGPT能够给歌曲创作歌词，用户只需输入相应的标题或者主题，即可完成歌词的创作。例如，在ChatGPT中输入"为主题是毕业的歌曲，写歌词"，ChatGPT即可自动生成歌词内容，如图2-17所示。

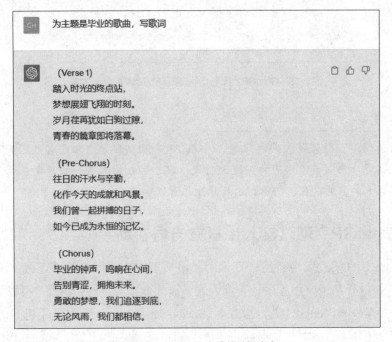

图 2-17 ChatGPT 生成的歌词内容

另外，用户可以输入音乐的风格、乐器和节奏等信息，即可使用ChatGPT生成音乐的旋律和和弦。图2-18所示为使用ChatGPT生成的旋律，输入指令为"在五声音阶中用abc记谱法写个旋律"。

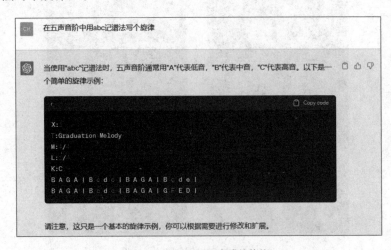

图 2-18 ChatGPT 生成的旋律

2.3.5　ChatGPT 能够为用户制订学习计划

ChatGPT可以向用户提供一些关于制订计划的建议和指导，以帮助用户更好地规划和管理时间。例如，通过ChatGPT制订一个学习计划，描述语言为"做一个每周学习烘焙的计划"，ChatGPT给出的计划内容如图2-19所示。

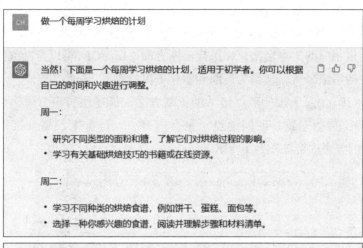

图 2-19　ChatGPT 制订的学习计划内容

2.3.6 ChatGPT 可以根据主题制订活动方案

ChatGPT可以用于协助用户进行方案制订，如ChatGPT可以通过对话的方式帮助用户梳理思路、收集信息、探讨不同的方案选择，并生成相应的具体方案。同时，ChatGPT可以利用训练好的模型，提供关于特定问题领域的背景信息和知识，从而帮助人们更好地理解问题和制订方案。

在商业决策方面，ChatGPT可以帮助企业领导或分析师探讨不同的市场策略或产品方案，并提供相应的文本输出；在医疗诊断方面，ChatGPT可以帮助医生收集病历信息、进行初步的病情分析，从而为诊断和治疗提供参考。

使用ChatGPT做一个端午节促销活动策划方案，描述语言为"做一个端午节促销活动策划方案，包括主题、时间地点、聚会内容、人员分工、聚会流程等内容"，ChatGPT给出的方案内容如图2-20所示。

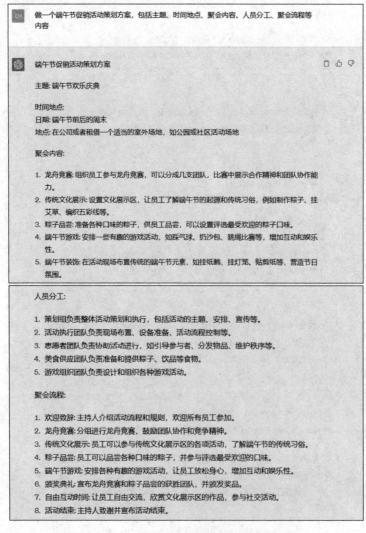

图 2-20　ChatGPT 制订的端午节促销活动策划方案

2.3.7　ChatGPT 能使用编程语言开发程序

用户可以使用Python编程语言，加上TensorFlow或PyTorch等深度学习框架，加载预训练好的ChatGPT模型，并使用模型进行自然语言处理任务。例如，在ChatGPT中输入"请用Python编程语言写一个小程序，可以用作制作图表、图形的"，ChatGPT即可自动生成一个Python程序，如图2-21所示。

图 2-21　ChatGPT 生成的 Python 程序

★ 专 家 提 醒 ★

Python 提供了高效的高级数据结构，还能简单有效地面向对象编程。TensorFlow 是一个基于数据流编程（Dataflow Programming）的符号数学系统。PyTorch 是一个开源的 Python 机器学习库，用于自然语言处理等应用程序。

使用ChatGPT开发程序之前，用户需要具备一定的编程知识和深度学习技术基础，以及对自然语言处理技术领域的了解和熟悉。同时，用户还需要收集并处理大量的自然语言数据，以构建和训练ChatGPT模型。这需要耗费大量的时间和数据资源，因此，建议用户做好充分的准备，并根据具体需求选择相应的开发工具和框架。

2.3.8　ChatGPT 能充当玩伴，进行智力游戏

用户可以与ChatGPT一起玩一些智力小游戏，如成语接龙、猜词游戏、字谜游戏、双关语游戏等，这将有助于用户锻炼自己的思维能力和解决问题的能力。

（1）成语接龙游戏：用户与ChatGPT可以通过接龙的方式，依次说出一个成语，规则为下一个成语的字头要接上一个成语的字尾。例如，在ChatGPT中输入"玩一个成语接龙游戏"，即可与ChatGPT一起玩成语接龙游戏，如图2-22所示。

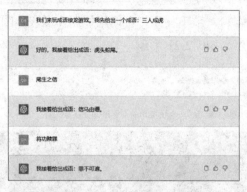

图 2-22　与 ChatGPT 一起玩成语接龙游戏

（2）猜词游戏：用户可以给ChatGPT一个谜面或描述，让ChatGPT来猜这是什么词语。例如，在ChatGPT中输入"'三横一竖不是王'，猜一个字"，即可与ChatGPT进行游戏，如图2-23所示。

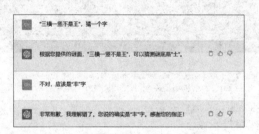

图 2-23　与 ChatGPT 一起玩猜词游戏

（3）接诗词游戏：用户可以给出前一句诗词或后一句诗词，让ChatGPT接完整的诗句。

（4）双关语游戏：ChatGPT给出一个句子或者描述，其中有一个词有多重意思，用户需要猜出它的两个意思。

2.3.9　ChatGPT 能创作和编写不同的文案

用户可以让ChatGPT编写文案，通过ChatGPT给出的文案参考来获得灵感。下面列举一些ChatGPT编写的文案。

1. 销售文案

ChatGPT可以理解销售人员输入的问题，并模拟人类对话的方式，为销售人员提供丰富的文案和应对策略，使得销售过程更加流畅和有效。

在ChatGPT中输入"写一篇宣传滑板的文案，字数在200字以内"，ChatGPT即可生成对应的销售文案，如图2-24所示。

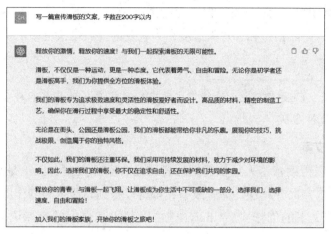

图 2-24　ChatGPT 生成的滑板产品销售文案

在销售文案的创作方面，ChatGPT可以为销售人员提供各种场景和情况下的应对方案和技巧，从而使他们能够更好地与潜在客户沟通和交流。

在销售过程中，ChatGPT可以作为一个虚拟的销售助手，为销售人员提供快速、准确的答案和解决方案，从而帮助他们更好地应对客户的问题和疑虑，促进交易的完成。例如，在ChatGPT中输入"滑板店的营业员如何快速让顾客下单，结合具体的对话场景给出建议"，ChatGPT即可生成具体的对话场景，如图2-25所示。

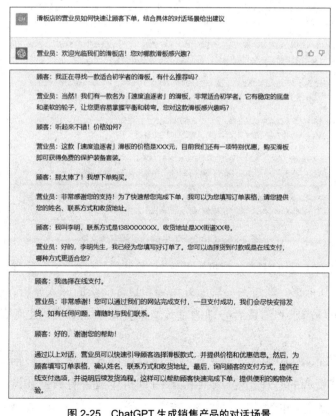

图 2-25　ChatGPT 生成销售产品的对话场景

总之，ChatGPT可以作为一个智能化的销售助手，为销售人员提供多方面的帮助和指导，从而提升产品销量和客户满意度，为企业的发展带来更多的机会和价值。

★ 专 家 提 醒 ★

需要注意的是，ChatGPT生成的销售文案内容可能存在误差或不符要求的情况，需要适当进行人工修改和完善。

2.品牌宣传文案

ChatGPT可以帮助营销人员快速编写各种品牌宣传文案，无论是品牌名称、品牌口号、广告标语、产品介绍还是品牌故事，都可以得到高质量的创作。

在品牌宣传文案的创作中，ChatGPT可以利用其强大的自然语言处理能力，根据品牌的特点、定位和目标受众，快速生成独特而富有吸引力的文案内容。同时，ChatGPT还可以根据品牌的营销需求，为文案添加适当的情感元素，增强文案的感染力和亲和力。

例如，在ChatGPT中输入"VitaGlow是一个护肤品品牌，请写一段对目标受众富有吸引力的品牌宣传文案"，ChatGPT即可生成具体的品牌宣传文案，如图2-26所示。

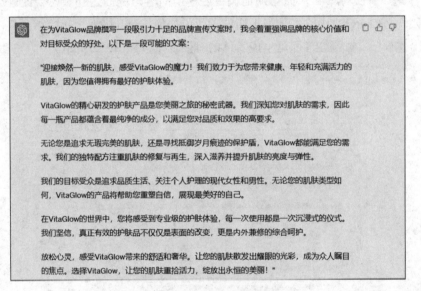

图 2-26 ChatGPT 生成的品牌宣传文案

此外，ChatGPT还可以结合数据分析和市场调研等手段，为品牌宣传文案的创作提供更多的信息和依据。通过对品牌所处市场和目标受众的深入分析，ChatGPT可以创作出更加符合市场需求和消费者心理的宣传文案，帮助品牌实现更好的营销效果和商业价值。

例如，在ChatGPT中输入"写一段蛋黄酥品牌的宣传文案，包括市场销售数据等信息，并加入消费者的心理感受"，ChatGPT即可生成带有数据和情感的品牌宣传文案，这样可以增强文案的说服力，如图2-27所示。

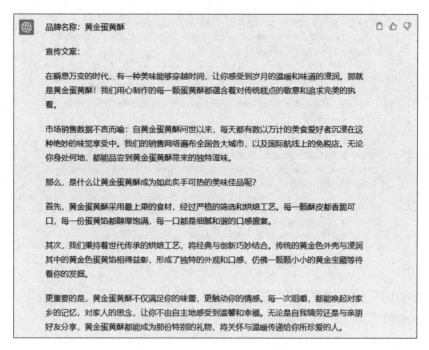

图 2-27　ChatGPT 生成带有数据和情感的品牌宣传文案

3. 评论文案

如果用户需要生成关于电影、图书、音乐等作品的评论文案，ChatGPT可以为用户提供高质量、丰富多彩的精彩文案内容，满足用户的创作需求。例如，在ChatGPT中输入"请写一篇关于《盗梦空间》的影评，要有主题，字数500字左右"，ChatGPT即可生成带有主题的影评文案，如图2-28所示。

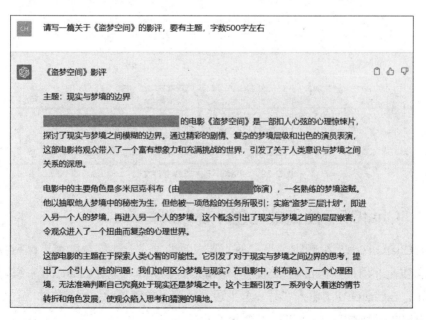

图 2-28

影片中的视觉效果非常精彩，给观众带来了震撼的体验。梦境层级的切换和视觉转换令人叹为观止，让观众感受到了梦境世界的奇幻和危险。同时，电影还探讨了梦境的力量和影响，以及在梦境中所能实现的无限可能性。

除了精彩的视觉效果，演员们的出色表演也是这部电影的亮点之一。░░░░░░░░░在饰演科布一角展现了他的出色演技，将角色的复杂情感和内心斗争展现得淋漓尽致。其他演员如░░░░░░、░░░░░░和░░░░░░等人也都炉火纯青地诠释了各自角色，为电影增添了深度和真实感。

《盗梦空间》不仅仅是一部普通的心理惊悚片，它深入探索了人类心智的奥秘，引发了对于现实与梦境之间关系的思考。░░░以他独特的导演风格和创造力，创造了一个独特而令人难忘的电影世界。这部电影让观众沉浸在悬疑与想象交织的故事中，引发了关于现实与梦境、意识与自我之间的复杂讨论。

总的来说，《盗梦空间》是一部充满智慧和扣人心弦的电影，展现了导演░░░的天才创造力和深邃思考。它将观众带入一个充满挑战和惊喜的心理世界，让我们思考自身的意识和现实感。这部电影不仅仅是一次娱乐体验，更是一次引发深思和探索的旅程。

图 2-28　ChatGPT 生成的影评文案

在ChatGPT中输入"请写一篇关于《哈姆雷特（Hamlet）》的书评，字数300字左右"，ChatGPT即可生成对应的书评文案，如图2-29所示。

《哈姆雷特（Hamlet）》是威廉·莎士比亚最著名的悲剧之一，也是世界文学史上最为重要的作品之一。这部戏剧以其复杂的情节、深刻的人物刻画和精彩的对白而闻名于世。

《哈姆雷特》以丹麦王子哈姆雷特为主角，他因父亲被弟弟克劳迪斯谋杀而陷入深深的痛苦和怀疑之中。哈姆雷特的内心斗争和矛盾心理使他成为一个深情复杂的人物。他的著名台词"生存还是毁灭，这是个问题"反映了他对自我存在意义的思考，使他成为世界上最著名的角色之一。

莎士比亚通过哈姆雷特的故事探讨了众多主题，如欺骗、背叛、疯狂、复仇和道德。他通过复杂的剧情和精心构造的对白，揭示了人性的深层次问题和社会的复杂性。他对人类心理的洞察和对道德困境的探讨使这部作品在几个世纪以来一直受到广泛的赞誉和研究。

此外，《哈姆雷特》的角色也是其魅力的重要组成部分。从疑心重重的哈姆雷特到野心勃勃的克劳迪斯，从善良的奥菲利娅到机智的波洛尼斯，每个角色都有自己独特的特点和动机。他们的对白和行动展现了不同的性格和思想，为读者和观众提供了深入探索人类本性和情感的机会。

总的来说，《哈姆雷特》是一部引人入胜的戏剧作品，它通过其复杂的情节、深刻的人物刻画和丰富的主题给读者和观众留下了深刻的印象。莎士比亚独特的表达方式和精湛的语言艺术使这部作品成为经典中的经典，无论是在文学界还是在戏剧舞台上，它都将继续影响和启发人们。无论是对莎士比亚的熟悉者还是对戏剧的新手来说，《哈姆雷特》都是一部必读的作品，它展示了文学的力量和智慧的深度。

图 2-29　ChatGPT 生成的书评文案

2.3.10　ChatGPT 能高效地创作视频脚本

使用ChatGPT编写视频脚本是一种非常高效的方式，能够帮助用户提高视频制作的效率和质量。用户只需给出相应的主题和关键点，即可通过ChatGPT来编写视频脚本。例如，在ChatGPT中输入"写一个主题为'探蛋糕店'的短视频脚本"，ChatGPT即可生成完整的脚本内容，如图2-30所示。

[场景：一家精致的蛋糕店，店内布置精美，展示着各种美味的蛋糕。背景音乐欢快轻快。]

镜头一：店内景
[镜头慢慢从店外移入店内，展示精美的蛋糕摆放在玻璃柜台上，灯光温暖，吸引人的味道弥漫在空气中。]
旁白：欢迎来到我们的蛋糕店，这里是美味与甜蜜的天堂。
镜头二：店主与员工
[镜头转向店主和员工正在制作蛋糕的场景，他们手法熟练，笑容满面。]
旁白：我们的蛋糕店有着一支富有创造力和热情的团队，他们每天都为你制作着最美味的蛋糕。
镜头三：品尝蛋糕
[一位顾客坐在舒适的座位上，拿起一块精美的蛋糕，享受着每一口的滋味。]
旁白：品尝我们的蛋糕，每一口都是甜蜜的幸福，让你的味蕾跳跃。

镜头四：活动与庆祝
[镜头切换至蛋糕店举办的庆祝活动，店内装饰得五彩斑斓，人们欢笑着享受着美味的蛋糕。]
旁白：我们也为各种庆祝活动提供专业的蛋糕定制服务，让你的特殊时刻更加难忘。
镜头五：社区支持
[一群小朋友聚集在蛋糕店门口，店主正与他们分享制作蛋糕的技巧。]
旁白：我们也积极参与社区活动，与大家分享蛋糕制作的乐趣，并为社区做出贡献。
镜头六：合影与宣传
[顾客们与店主及员工合影留念，店内的宣传海报显示着各种特色蛋糕和优惠活动。]
旁白：如果你想品尝这些美味的蛋糕，那就快来我们的蛋糕店，享受甜蜜的时刻吧！
[镜头渐渐模糊，片尾文字出现：感谢您的观看，欢迎光临我们的蛋糕店！]

这个短视频脚本以展示蛋糕店的美味和热情为主题，向观众展示了店内的环境、制作过程、顾客的满意以及店主和员工的热情。同时也强调了蛋糕店与社区的联系和活动，以及店内的庆祝活动和定制服务。整体旨在通过视觉和旁白，吸引观众前来品尝美味蛋糕。

图 2-30　ChatGPT 生成的视频脚本内容

当然，如果用户要生成详细的短视频拍摄脚本，可以添加一些描述词，如片段、分镜、台词、景别、运镜、背景音乐、音效、后期剪辑等。例如，在ChatGPT中输入"写一个去公园游玩的短视频脚本，以表格的形式呈现分镜头、画面内容、对话台词等内容"，ChatGPT即可生成完整的脚本内容，如图2-31所示。

写一个去公园游玩的短视频脚本，以表格的形式呈现分镜头、画面内容、对话台词等内容

标题：《阳光公园的欢乐时光》

序号	分镜头	画面内容	对话台词
1	开场	公园大门	（背景音乐欢快）人们排队等候入场
2	1号景点	花坛	清晨的花坛，鲜花盛开
3	2号景点	喷泉	喷泉中央有水舞表演
4	3号景点	儿童乐园	欢乐的儿童游乐设施
5	4号景点	湖边	平静的湖水，有人划船
6	5号景点	餐厅	人们在户外用餐
7	6号景点	健身区	人们在锻炼身体
8	结尾	公园出口	游客们满载而归
9	片尾	字幕	音乐淡出，显示公园名称和联系信息

图 2-31

注意事项：

- 可根据实际情况进行调整和增删。
- 对话台词可根据需要进行适当修改或添加。
- 分镜头可以是简短的描述，也可以是具体的拍摄角度。
- 画面内容可以简要描述，或者具体描述需要展示的元素。
- 可根据需要增加适当的背景音效或配乐。
- 片尾可以包括公园的宣传标语或口号。
- 需要制作成短视频时，可以参考该表格进行拍摄和剪辑。

图 2-31　添加描述词后 ChatGPT 生成的短视频脚本内容

ChatGPT可以在短视频脚本创作方面发挥重要作用，它可以为用户创作视频提供创意和灵感，并帮助用户构思视频的脚本和台词等内容。

- 在创意和灵感方面，ChatGPT可以通过分析和理解不同的主题和概念，为用户提供新的想法和角度，从而帮助用户创建更有吸引力的视频内容。
- 在脚本构思方面，ChatGPT可以帮助用户制定清晰的情节线和结构框架，并提供详细的分镜和场景设定，帮助用户更好地表现故事情节和角色发展。
- 在台词构思方面，ChatGPT可以为用户提供有趣、生动、引人入胜的台词，使视频更加有趣和具有情感共鸣。

2.3.11　ChatGPT 在学术领域助力论文写作

ChatGPT可以为用户提供一些论文写作方面的建议和帮助，快速生成大量高质量的论文，大大提高了创作效率。例如，在ChatGPT中输入"写一篇论文，题目为'城乡旅游开发与用地规划'，要有标题、摘要、关键词、论文正文（正文标题、注释、参考文献、谢辞）"，ChatGPT即可生成对应的论文内容，如图2-32所示。

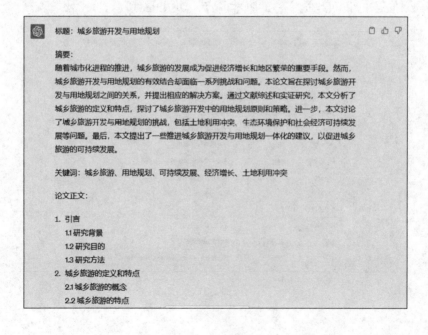

3. 城乡旅游开发中的用地规划原则
　3.1 可持续发展原则
　3.2 生态环境保护原则
　3.3 社会经济发展原则
4. 城乡旅游开发与用地规划的挑战
　4.1 土地利用冲突
　4.2 生态环境保护
　4.3 社会经济可持续发展
5. 推进城乡旅游开发与用地规划一体化的建议
　5.1 加强政策指导和规划协调
　5.2 提高环境管理和监管能力
　5.3 加强公众参与和社会责任意识
6. 结论

注释：（如果需要）

参考文献：

1. Author A, Author B. Title of Article. Journal Name. Year; Volume(Issue): Page numbers.
2. Author C, Author D. Title of Book. Publisher. Year.
3. ...

谢辞：
在本文的撰写过程中，我要感谢导师对我的指导和支持。同时，也要感谢家人和朋友们对我的理解和鼓励。他们的支持使得本研究得以顺利完成。

希望本研究对城乡旅游开发与用地规划的相关研究和实践有所启发，并对促进城乡旅游的可持续发展提供一定的参考和借鉴。

图 2-32　ChatGPT 生成论文的内容

用户还可以提供给ChatGPT一段论文内容，让其改写实现论文降重，如输入"请你担任论文导师，把这段论文内容进行降重，语言风格更偏学术一些（附带论文内容）"，ChatGPT会通过改写句子或替换词语来实现论文降重，如图2-33所示。

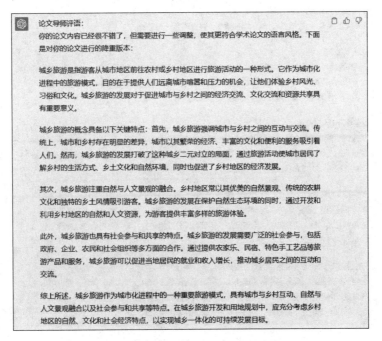

图 2-33　ChatGPT 对论文内容进行降重

2.3.12 ChatGPT 能撰写文章、创作小说

ChatGPT的文本生成功能可以撰写文章和创作小说，举例介绍如下。

1. 撰写文章

自媒体的发展需要大量的原创内容，而ChatGPT可以在短时间内创作高质量的文章，满足自媒体创作者的需求，从而在自媒体行业中发挥重要的作用。例如，在ChatGPT中输入"写一篇关于供应链管理技巧的知识类文章，字数为500字左右"，ChatGPT即可生成对应的文章内容，如图2-34所示。

标题: 供应链管理技巧: 优化运作效率的关键

在当今全球化和竞争激烈的商业环境中，供应链管理成为企业成功的重要因素之一。有效的供应链管理能够提高企业的运作效率、降低成本，并确保产品按时交付给客户。本文将介绍一些供应链管理的关键技巧，帮助企业优化其运作效率。

1.建立稳固的合作关系:
供应链管理是建立在合作关系之上的。与供应商、制造商和分销商建立稳固的合作关系是确保供应链高效运作的关键。建立互信、透明和长期稳定的合作关系，能够促进信息共享、协同决策和风险共担，提高供应链的整体响应能力。

2.采用先进的技术工具:
供应链管理技术的应用能够显著提高运作效率。企业应该考虑采用供应链管理系统、物流管理软件、电子数据交换（EDI）等技术工具，实现供应链各环节的信息共享和实时监控。这些工具可以帮助企业更好地规划生产计划、库存管理和物流配送，减少人为错误和时间延误。

3.有效的需求预测:
准确的需求预测是供应链管理的关键环节之一。通过分析历史销售数据、市场趋势和客户反馈等信息，企业可以预测需求的波动，避免库存积压或缺货情况的发生。合理的需求预测能够帮助企业优化生产计划、减少库存成本，并提高客户满意度。

4.库存管理的优化:
库存管理对供应链的运作效率至关重要。企业应该采用科学的库存管理方法，如先进的库存控制技术和精细化的库存监控系统。通过实时追踪库存水平、订单状态和交付时间，企业可以及时做出调整，减少库存积压和降低资金占用成本。

5.强化沟通与协调:
供应链管理需要各个环节之间的紧密沟通和有效协调。企业应该建立起高效的沟通渠道，确保信息的准确传递和理解。此外，定期召开供应链合作伙伴会议，共同讨论和解决问题，协调各方的行动，以确保供应链运作的顺畅。

6.灵活应对风险:
供应链管理面临各种潜在风险，如自然灾害、供应商倒闭或质量问题等。企业应该制定灵活的风险管理策略，建立备份供应商网络、采取风险分散措施，并与供应链合作伙伴建立紧密联系，共同应对潜在的风险事件。

综上所述，供应链管理是企业成功的关键之一。通过建立稳固的合作关系、采用先进的技术工具、有效的需求预测、库存管理的优化、强化沟通与协调以及灵活应对风险，企业可以提高供应链的运作效率，降低成本，并为客户提供更好的产品和服务。在竞争激烈的市场中，这些供应链管理技巧将帮助企业赢得竞争优势，并取得持续的成功。

图 2-34 ChatGPT 生成的文章内容

另外，ChatGPT还可以根据读者的兴趣和需求，定制个性化的内容，提升读者的阅读体验。例如，让ChatGPT生成符合微信公众号文章特性的软文，输入“微信公众号文章具有个性化定制、交互性强、语言简短易懂等特点，请结合公众号文章的特点，生成一篇公众号文章”，ChatGPT会生成公众号文章，如图2-35所示。

标题：如何在微信公众号文章中提升读者互动和吸引力？

大家好！作为现代社交媒体时代的代表之一，微信公众号已经成为许多人获取信息、分享见解的重要平台。然而，面对众多信息的竞争，如何让你的公众号文章脱颖而出，吸引更多读者并激发他们的互动成为了一项关键任务。本文将为你介绍一些方法和技巧，帮助你提升公众号文章的个性化定制、交互性和语言表达，让你的读者爱不释手。

1. 突出个性化定制：了解你的读者是关键。通过观察你的读者群体，探索他们的兴趣、需求和喜好，然后针对性地创作内容。用读者容易理解的语言，呈现他们感兴趣的话题和热点，这样才能引起他们的共鸣和关注。
2. 提供互动机制：公众号文章应该是一个双向交流的平台。利用互动机制，如投票、调查或提问，鼓励读者参与讨论并留下评论。此外，及时回复读者的留言，积极参与讨论，让读者感受到被关注和重视，进而建立良好的互动关系。
3. 简洁明了的语言：微信公众号文章的特点之一是语言简短易懂。在创作过程中，尽量避免使用晦涩难懂的行业术语或过于复杂的句子结构。用通俗易懂的语言表达观点和信息，帮助读者快速理解，并增加阅读的流畅性和愉悦感。
4. 吸引开篇：文章的开篇要吸引读者的眼球。可以使用一个有趣的引语、一个引人入胜的故事，或者一个令人惊奇的事实来引起读者的兴趣。开篇引人入胜，能够让读者更有动力往下阅读，并持续关注你的公众号。
5. 多媒体元素的运用：除了文字，微信公众号还支持图片、视频、音频等多媒体元素的使用。合理运用这些元素可以增加文章的吸引力和趣味性。例如，插入一张相关的图片来丰富内容，或者分享一个有趣的视频或音频资源，提升文章的交互性和娱乐性。
6. 结尾亮点：一个好的结尾能够给读者留下深刻的印象。可以通过总结文章要点、提出观点或问题，或者给读者一个行动呼吁，让他们参与进来。结尾亮点可以激发读者的思考和行动，为下一步的互动打下良好的基础。

通过个性化定制、增强互动性和使用简洁明了的语言，你可以让你的微信公众号文章更具吸引力和互动性，吸引更多的读者并与他们建立深入的连接。记住，不断与读者交流和改进是持续提升的关键，相信你的公众号文章会越来越受欢迎！

图 2-35　ChatGPT 生成的公众号文章

可以看出，ChatGPT结合我们提供的微信公众号文章的特点，生成了一篇教人写作爆款公众文的文章，且语言浅显易懂，给人以亲切感，可以为公众号运营者提供一定的参考。

2. 创作小说

用户可以与ChatGPT一起创作故事或小说，并在此过程中锻炼自己的想象力和创造力。ChatGPT可以为用户提供建议和提示，使故事或小说的内容变得更生动。例如，在ChatGPT中输入“写一个科幻故事，字数为800字左右”，ChatGPT即可生成对应的故事内容，如图2-36所示。

深夜，远离地球的太空船"宇宙探索者号"正驶向一个神秘的星球。这颗星球被科学家们称为"泰拉星"，因为它具备类似地球的大气层和水源，被认为可能适合人类居住。船上的乘客们满怀期待，他们是地球联合国派遣的首批探险队员，负责勘察这颗星球是否适宜人类生存。

经过数月的长途航行，探索者号终于抵达了泰拉星。船上的科学家和工程师们立刻启动了探测设备，开始收集关于星球的数据。他们很快发现泰拉星上的气候和地形与地球非常相似，但却有着许多令人惊奇的特征。

在一次探测任务中，科学家们发现了一座废弃的建筑群。这些建筑群看起来非常古老，但却异常先进，远超过地球现有的科技水平。乘员们充满好奇心地进入了建筑群，发现了一个巨大的地下室。

地下室中的一台机器引起了他们的特别关注。这台机器的外观宛如一个能量生成器，散发出一种强大的能量波动。科学家们猜测这台机器可能是泰拉星上文明的核心能源设施，而这个文明可能早已灭亡。

他们试图破译这台机器，最终找到了启动开关。一阵耀眼的光芒从机器中涌出，随后整个地下室开始变化。墙壁上的屏幕逐渐亮起，显示出一段记录的影像。

原来，泰拉星上曾经存在着一个高度发达的文明。这个文明拥有超过地球现有科技的技术，他们创造了能够掌控能量的机器，将星球上的一切生命形式与自然能量融为一体。然而，一场可怕的自然灾害降临到泰拉星，将文明毁灭殆尽，只留下废墟和机器。

乘员们震惊不已，他们开始思考这个文明的覆灭是否与地球上的未来命运有关。他们开始明白，如果地球人类不能更好地保护环境、利用科技，地球很有可能遭受同样的灾难命运。

回到地球后，乘员们决定将在泰拉星所见到的一切记录下来，并分享给地球上的各个国家和组织。他们希望通过这个故事，唤醒人们对环境保护和可持续发展的意识，引发全球范围内的行动。

这个故事迅速传播开来，引起了全球的轰动。人们开始重视起环境保护，各国政府也开始加大对科技研发和可再生能源的投资。全球范围内展开了一场空前的环保运动。

经过几十年的努力，地球上的环境逐渐得到改善。人们开始探索太空，寻找新的资源和居住地，以减轻对地球的压力。泰拉星成为了人类探索的目标之一，人们希望能够借鉴那个曾经繁荣的文明的经验，发展出更加可持续和先进的技术。

这个科幻故事让人们明白，科技与环境保护是密不可分的。只有在科技发展的同时，人类还必须保护和珍视地球上的自然资源，才能确保人类的未来。而泰拉星上曾经的文明则成为人们的警钟，提醒人们不可忽视环境的重要性。

图 2-36　ChatGPT 生成的故事内容

在故事或小说创作方面，ChatGPT和人类作家相比，还存在很多不足。用户可以把ChatGPT当成一个辅助工具，在其生成的内容基础上进行润色和修改，从而写出更加优质的故事或小说作品。

2.3.13　ChatGPT 可以提炼文章重点和主旨

当用户感觉写出来的文章过于混乱、抓不住重点时，可以让ChatGPT将文章的重点提炼出来。例如，在ChatGPT中输入"帮我将以下文章中能体现文章主旨的关键词提取出来（附带文章）"，ChatGPT会迅速给出回复，如图2-37所示。

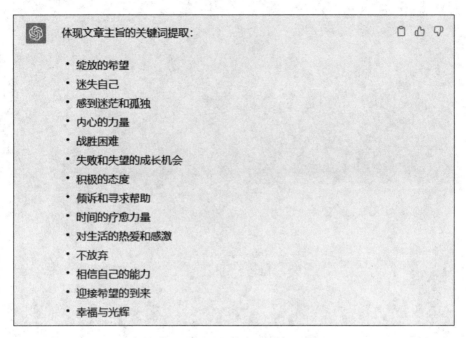

图 2-37 ChatGPT 提炼文章的关键词

2.3.14 ChatGPT 还能生成 AI 绘画代码

ChatGPT可以快速生成AI绘画的代码和关键词，从而激发用户的创意灵感，创作出更加优质的AI绘画作品。例如，在ChatGPT中输入"以'梦境与幻觉'为主题，用关键词的形式描述一个50字的画面场景"，ChatGPT即可生成对应的关键词，如图2-38所示。

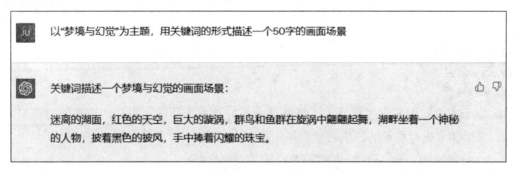

图 2-38 ChatGPT 生成的绘画关键词

接下来将这些关键词输入AI绘画工具中，即可得到如图2-39所示的绘画结果。使用ChatGPT输出的关键词生成的绘画有一定的艺术鉴赏性。

图 2-39　通过 ChatGPT 给的关键词生成的 AI 绘画作品

本章小结

　　本章主要介绍了ChatGPT的核心技术、实现方式和展示功能3个方面的内容，让读者深入了解ChatGPT能够实现文本生成的原理和拓展应用，为后续学习ChatGPT的操作方法奠定理论基础。

课后习题

　　鉴于本章知识的重要性，为了帮助读者更好地掌握所学知识，本节将通过课后习题，帮助读者进行简单的知识回顾和补充。

　　1.回顾所学，想一想ChatGPT模型有哪些训练流程？

　　2.ChatGPT的文本生成功能具体可以实现哪些应用？

第3小时
操作实战：ChatGPT平台的
登录与应用指南

本章将基于前面对ChatGPT理论知识的了解，正式进入ChatGPT的操作实战。通过本章内容的介绍，读者将学会注册与登录ChatGPT、认识ChatGPT的页面、掌握ChatGPT指令的编写方法及熟练运用ChatGPT。

3.1 准备工作：访问和认识ChatGPT平台

用户能够使用ChatGPT的功能是通过访问ChatGPT平台来实现的。ChatGPT平台是ChatGPT模型转化为API服务的实践，也是ChatGPT实现商用的基础。本节将介绍如何访问和登录ChatGPT平台，以及ChatGPT平台基本用法的相关内容。

3.1.1 ChatGPT 提供服务的产品模式

ChatGPT的基本形态是语言模型，它的产品模式主要是提供自然语言生成和理解的服务。ChatGPT的产品模式包括两个方面，如图3-1所示。ChatGPT平台即是ChatGPT提供API接口服务的实践。

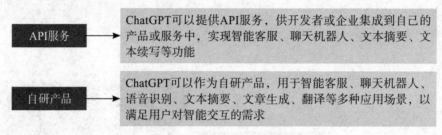

图 3-1　ChatGPT 的产品模式

★ 专家提醒 ★

API 服务是一种提供给其他应用程序访问和使用的软件接口。在 AI 领域，开发者或企业可以通过 API 服务将自然语言处理或计算机视觉等技术集成到自己的产品或服务中，以提供更智能的功能和服务。

无论是提供API服务还是自研产品，ChatGPT都需要在数据预处理、模型训练、服务部署、性能优化等方面进行不断优化，以提供更高效、更准确、更智能的服务，从而赢得用户的信任和认可。

3.1.2 ChatGPT 平台的访问与登录方法

ChatGPT平台需用户进行注册、登录后才能正式使用。要使用ChatGPT，用户首先需要注册一个OpenAI账号，注册不仅有着严格的网络要求（注意，国内用户无法直接登录OpenAI的官网），而且只能使用国外手机号进行注册。

扫码看教学视频

下面介绍ChatGPT的注册与登录方法。

步骤01 打开OpenAI官网，单击页面下方的"Learn more about ChatGPT"（了解GPT更多详情）按钮，如图3-2所示。

图 3-2 单击"Learn more about ChatGPT"按钮

步骤 02 在打开的新页面中单击"Try on web"（试用ChatGPT网页版）按钮，如图3-3所示。

图 3-3 单击"Try on web"按钮

步骤 03 在打开的新页面中单击白色的方框，进行真人验证，如图3-4所示。需要注意的是，这个步骤并非每次登录都需要，有时可以直接到登录页面。

步骤 04 进入ChatGPT的登录页面，单击"Sign up"（注册）按钮，如图3-5所示。注意，已经注册了账号的用户可以直接在此处单击"Log in"（登录）按钮，输入相应的邮箱地址和密码，即可登录ChatGPT。

图 3-4 单击白色的方框

图 3-5 单击"Sign up"按钮

步骤 05 进入"Create your account"（创建您的账户）页面，输入相应的邮箱地址，如图3-6所示，也可以直接使用微软或谷歌账号进行登录。

步骤 06 单击"Continue"（继续）按钮，在打开的页面中输入相应的密码（至少8个字符），如图3-7所示。

图 3-6 输入相应的邮箱地址

图 3-7 输入相应的密码

步骤 07 单击"Continue"（继续）按钮，邮箱通过后，系统会提示用户输入姓名和进行手机验证，按照要求进行设置即可完成注册，然后就可以使用ChatGPT了。

3.1.3 ChatGPT 平台的使用环境介绍

ChatGPT平台有Free Plan（免费计划）免费版本和Upgrade to Plus（升级至Plus）付费版本两种使用环境。

目前，ChatGPT平台的免费版本仍可以使用户无须付费就能使用。登录ChatGPT平台之后，可以看到ChatGPT平台的主页面，如图3-8所示。用户与ChatGPT进行对话，通过其平台页面的对话框来实现。

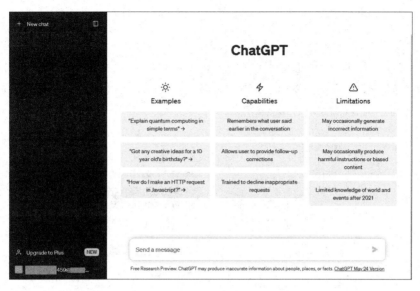

图 3-8　ChatGPT 平台的主页面

在ChatGPT平台的主页面中，用户可以看到ChatGPT的官方介绍和基本的功能按钮，下面按照从左往右、从上至下的顺序进行介绍。

（1）"+New chat"（建立新的对话）按钮：用户可以通过单击该按钮，建立新的对话，类似于开启一个新的话题。用户在第一次使用时，无须单击该按钮，系统会自动建立对话记录，如图3-9所示。

（2）█按钮：用户将光标定位至该按钮上，会出现"Hide sidebar"（隐藏侧边栏）字样，单击█按钮，即可将页面调整为全屏显示聊天窗口，如图3-10所示。这个功能可以方便用户更专注地与ChatGPT对话。

（3）█ "Upgrade to Plus"按钮：用户单击该按钮可以升级ChatGPT的版本，享受更多的服务，升级后的ChatGPT有以下优势。

① 在ChatGPT的高峰使用时期仍然能够稳定地工作。

② ChatGPT的文本生成速度将更快。

图 3-9　系统自动建立对话记录

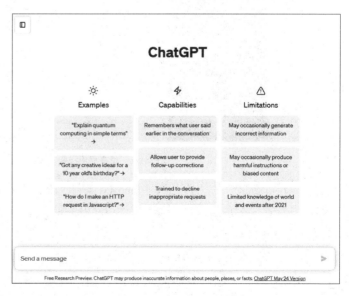

图 3-10　全屏显示聊天窗口

③ 使用用户优先体验新增的功能。

用户若是想要将ChatGPT的免费版本升级为Plus版本，可以先单击 Upgrade to Plus按钮，然后在弹出的对话框中单击"Upgrade plan"（升级计划）按钮，如图3-11所示，接着按照要求填写付款信息，最后单击"Continue"（继续）按钮，便可以完成ChatGPT升级，进入ChatGPT Plus模式。

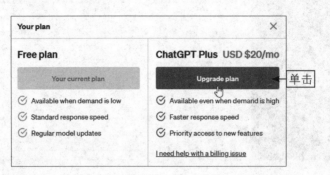

图3-11　单击"Upgrade plan"（升级计划）按钮

（4）█……按钮：表示用户的账户信息。用户单击该按钮，可以在弹出的选项框中进行更多的操作，如图3-12所示。

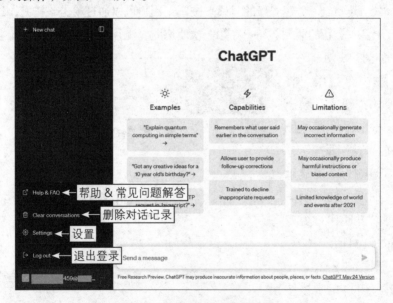

图3-12　单击相应按钮，弹出选项

（5）右侧居中的位置是关于ChatGPT平台的官方介绍，包括"Examples"（提问示例）、"Capabilities"（具备能力）和"Limitations"（局限性），用户感兴趣的话可以自行阅读进行了解。

（6）右下角是ChatGPT对话窗口中的输入框，有"Send a message"（发送消息）字样的提示，如图3-13所示。用户通过在输入框中输入信息发送给ChatGPT，ChatGPT接收后会给出回复。在输入框的下方有OpenAI团队对ChatGPT生成回复的说明，如图3-14所示。

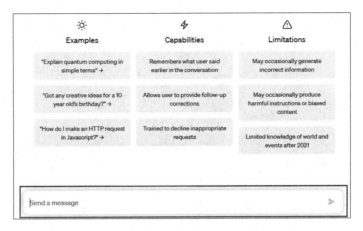

图 3-13 ChatGPT 对话窗口中的输入框

图 3-14 对 ChatGPT 生成回复的说明

3.1.4 ChatGPT 初次生成文本的方法

扫码看教学视频

登录ChatGPT后，将会打开ChatGPT的聊天窗口，即可开始进行对话，用户可以输入任何问题或话题，ChatGPT将尝试回答并提供与主题有关的信息，下面介绍具体的操作方法。

步骤 01 打开ChatGPT的聊天窗口，单击底部的输入框，如图3-15所示。

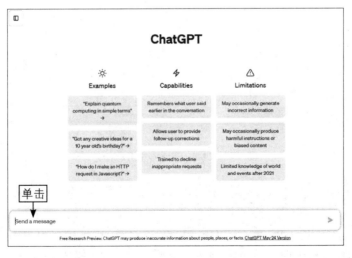

图 3-15 单击底部的输入框

步骤02 ❶输入相应的指令，如"对比一下牧羊犬和哈士奇的不同之处，并做成表格"；❷单击输入框右侧的发送按钮▶或按【Enter】键，如图3-16所示。

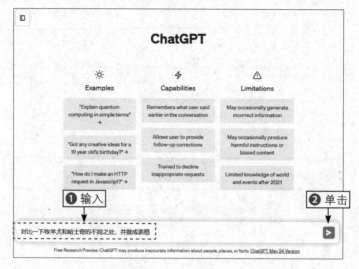

图 3-16　单击相应按钮

步骤03 稍等片刻，ChatGPT即可根据要求生成相应的表格，如图3-17所示。

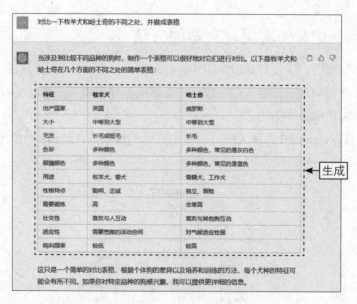

图 3-17　ChatGPT 生成相应的表格

3.1.5　ChatGPT 生成有效文本的方法

用户获得ChatGPT的回复之后可以对其进行简单评估，评估ChatGPT的回复是否具有参考价值，若觉得有效，则可以单击文本右侧的复制▢按钮，将文本复制出来，此按钮只支持文本内容复制，不支持表格格式复

扫码看教学视频

制；若是觉得参考价值不大，可以单击输入框上方的"Regenerate response"（重新生成回复）按钮，ChatGPT会根据同一个问题生成新的回复。下面举例介绍具体的操作方法。

步骤01 单击"+New chat"按钮，如图3-18所示，新建一个聊天窗口。

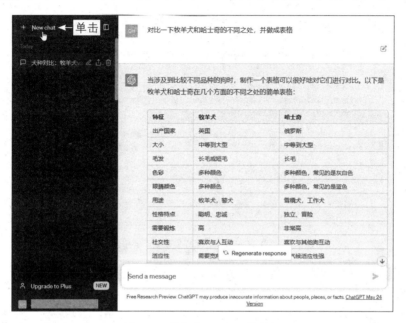

图 3-18　单击"+New chat"按钮

步骤02 ❶在聊天输入框中输入新的指令，如"请描述一下秋天"；❷单击输入框右侧的发送按钮▶或按【Enter】键，如图3-19所示。

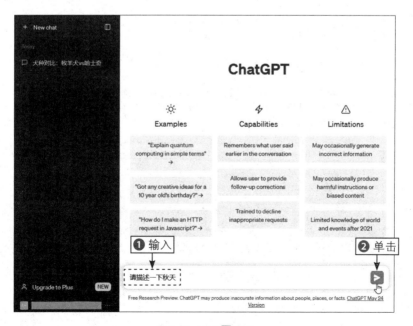

图 3-19　单击▶按钮

步骤03 稍等片刻，ChatGPT即可按照总—分—总的逻辑结构生成关于秋天的描述，如图3-20所示。

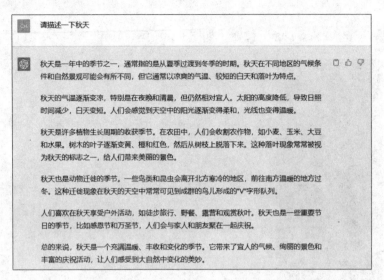

图 3-20 ChatGPT 生成关于秋天的描述

步骤04 单击输入框上方的"Regenerate response"按钮，如图3-21所示，让ChatGPT重新生成回复。

步骤05 稍等片刻，ChatGPT会重新生成关于秋天的描述，如图3-22所示。可以看出，相比第一次描述，ChatGPT的第二次描述变换了语言风格和表述方式。

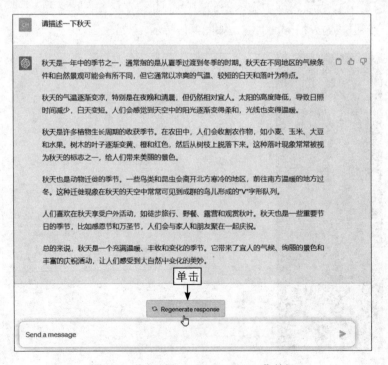

图 3-21 单击"Regenerate response"按钮

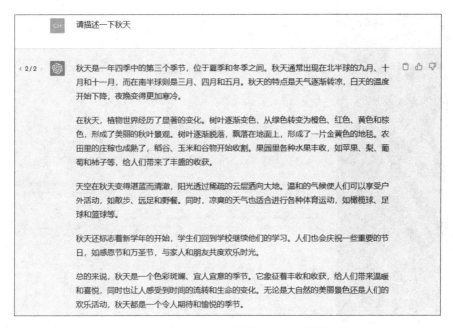

图 3-22　ChatGPT 重新生成关于秋天的描述

ChatGPT对同一个问题的二次回复会进行"2/2"字样的标记，若是第三次回复则会标记"3/3"。用户通过单击"Regenerate response"按钮可以让ChatGPT对同一个问题进行多次不同的回复，相当于在不断优化与训练ChatGPT。

在ChatGPT生成二次回复之后，其文本下方会有一个对话提示，让用户对文本进行评价，如图3-23所示。用户可以自主选择评价或单击×按钮，关闭对话提示。同样，无论是ChatGPT第一次生成的文本，还是第二次生成的文本，在所生成的文本右侧都有评价按钮👍或者👎，用户若感兴趣可以进行评价。

图 3-23　ChatGPT 让用户对生成内容进行评价

3.1.6　ChatGPT 对话窗口的管理方法

扫码看教学视频

在ChatGPT中，用户每次登录账号后都会默认进入一个新的聊天窗口，之前建立的聊天窗口则会自动保存在左侧的导航面板中，用户可以根据需要对聊天窗口进行管理，包括新建、删除及重命名等，下面介绍具体的操作方法。

步骤01 打开ChatGPT，单击任意一个之前建立的聊天窗口，如图3-24所示。

步骤02 执行操作后，单击聊天窗口名称右侧的✎按钮，如图3-25所示。

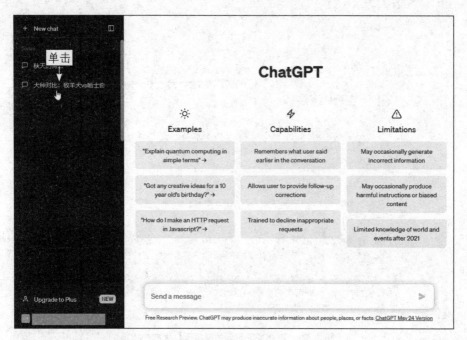

图 3-24　单击任意一个之前建立的聊天窗口

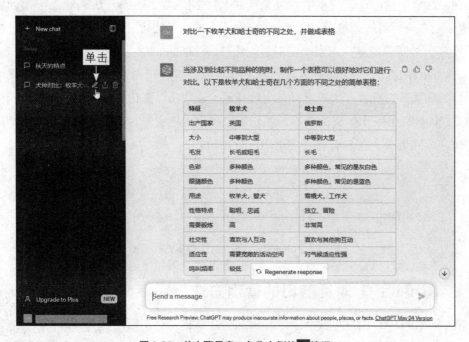

图 3-25　单击聊天窗口名称右侧的✎按钮

步骤03 执行操作后，即可呈现名称编辑文本框，❶在文本框中可以修改名称；❷单击✔按钮，如图3-26所示，即可完成聊天窗口重命名操作。

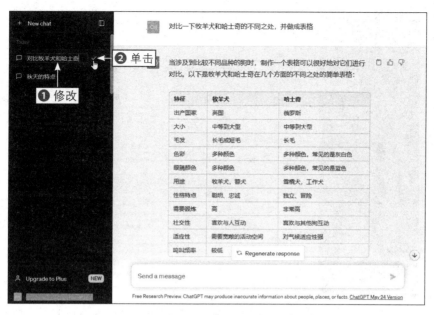

图 3-26　单击✅按钮

步骤04 单击聊天窗口名称右侧的回按钮，如图3-27所示。

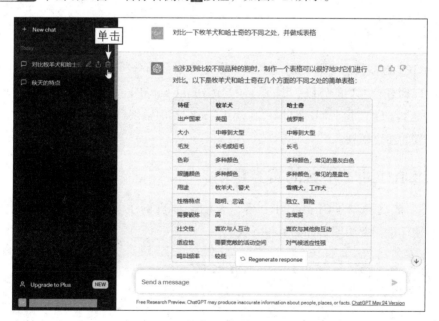

图 3-27　单击回按钮

步骤05 执行操作后，弹出删除提示，❶如果确认删除聊天窗口，则单击✅按钮；❷如果不想删除聊天窗口，则单击❌按钮，如图3-28所示。

★ 专家提醒 ★

回按钮表示将当前窗口所生成的内容通过创建链接分享到社群。

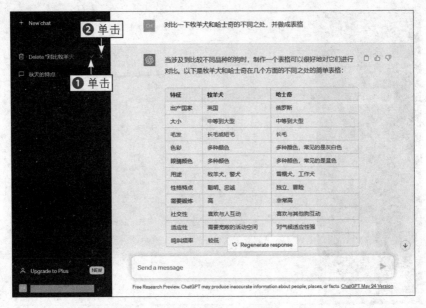

图 3-28　单击✅按钮或❌按钮

3.2 问题优化：使用ChatGPT的注意事项

　　ChatGPT能够联系上下文语境生成文本是基于数据分析后的序列选择，并非意味着ChatGPT拥有了人类的思维，因此，用户需建立ChatGPT不是万能的、所生成的答案不唯一等意识。类似这些问题是用户在使用ChatGPT时需要注意的。本节将总结一些使用ChatGPT的注意事项。

3.2.1　ChatGPT 平台的官方申明

　　当用户成功登录了ChatGPT之后，在ChatGPT的主页面可以看到官方平台对ChatGPT使用的简要申明，如图3-29所示。

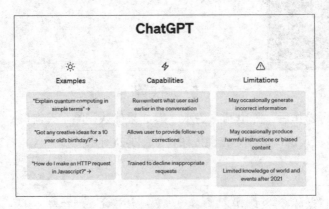

图 3-29　ChatGPT 平台的官方申明

关于图3-29中的官方申明简要介绍如下。

（1）"Examples"（示例）。向ChatGPT提问示例，有以下示例：

· "用简洁的语言解释量子计算。"

· "10岁生日有什么创意的庆祝方式吗？"

· "如何在JavaScript（编程语言）中发出HTTP（Hypertext Transfer Protocol，超文本传输协议）申请？"

（2）"Capabilities"（能力）。ChatGPT具备的能力包括以下3个：

· 能够记住用户在之前对话中所说的话，示例如图3-30所示。可以看出，我们先提问"请描述一下春天"，等ChatGPT回复之后，在同一个窗口中再次提出"请提供一个短视频脚本"的请求，ChatGPT结合了有关春天的描述创作出了以自然为主题的短视频脚本。

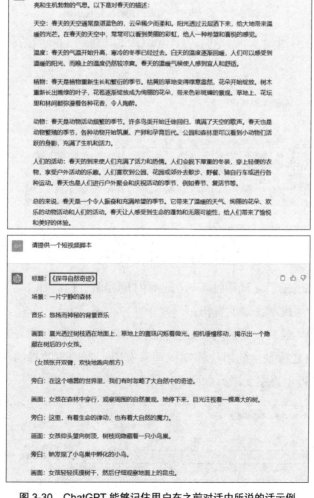

图 3-30　ChatGPT 能够记住用户在之前对话中所说的话示例

• 允许用户指出ChatGPT的错误，并提出更正，示例如图3-31所示。

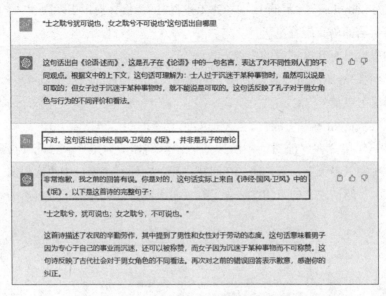

图 3-31　ChatGPT 允许用户指出错误示例

• 接受过拒绝不当请求的训练。当ChatGPT识别到不恰当的提问时，会拒绝回复，如图3-32所示。

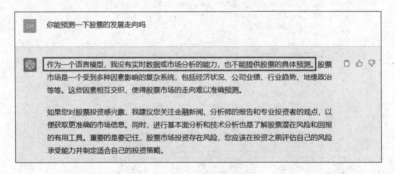

图 3-32　ChatGPT 拒绝回复

（3）"Limitations"（局限性）。ChatGPT的局限性说明如下：

• 可能偶尔会生成不正确的资讯。

• 可能偶尔会生成有偏见的内容或有害的说明。

• 对于2021年之后发生的事件和知识理解有限。当用户的提问涉及2021年之后的事件时，ChatGPT提示答案受限，如图3-33所示。

图 3-33　ChatGPT 提示答案受限

用户了解ChatGPT平台的这些说明，可以更好地运用ChatGPT，例如，在ChatGPT生成错误的内容之后，可以及时指出并给予更正。

3.2.2　ChatGPT 不能作为万能精油

古语说："尽信书，不如无书"，对于ChatGPT的态度也应如此。用户在使用ChatGPT时，若是持"ChatGPT所有生成的答案都是对的"这类观点，那么ChatGPT将不能很好地为用户所用。用户应当树立以下两个观点：

1. ChatGPT可能回答出错

ChatGPT所生成的回复是基于文本数据的分析训练得出的，看似能够理解上下文，并给出符合语境的回复，但这是算法精进的结果。当面对超出文本数据库范畴的提问时，ChatGPT会根据训练规律，随意生成可能逻辑不自洽、不符合事实的答案，如图3-34所示。

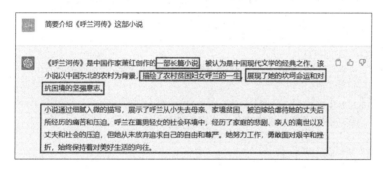

图 3-34　ChatGPT 生成不符合事实的答案

《呼兰河传》是作者萧红对自己的故乡呼兰河的描绘，并非人物自传。ChatGPT因缺乏对《呼兰河传》的了解而杜撰了情节，生成了错误的信息。

2. ChatGPT理解语言有限

当用户用倒装句、复杂句向ChatGPT发出提问，或者用古文与ChatGPT交流时，ChatGPT可能会出现理解受限而给出图3-35所示的提示。

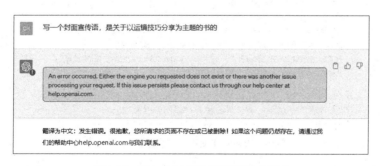

图 3-35　ChatGPT 出现理解受限给出提示

因此，用户需认识到ChatGPT并非具备了人脑理解语言的思维而生成回复的，其有一定的局限性。

3.2.3 ChatGPT 生成的答案不唯一

当用户向ChatGPT提问时，同一个问题多次提问，ChatGPT会给出不同的回复，示例如图3-36所示。

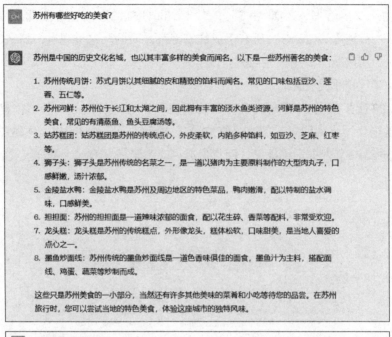

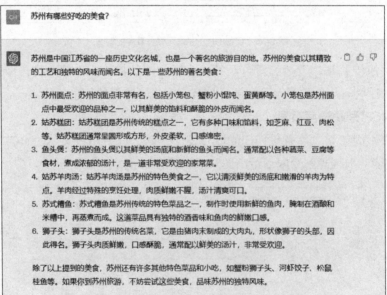

图 3-36 ChatGPT 对同一问题给出不同的回复

由图3-36可以看出，当用户同样提问"苏州有哪些好吃的美食？"这个问题时，ChatGPT给出了不同的回复。ChatGPT的这个功能可以用于优化答案，与前面介绍的单击"Regenerate response"按钮让ChatGPT重新生成答案的用法是一致的。

3.2.4 ChatGPT 会因字数受限而中断

由于ChatGPT有文本字数限制，导致用户在使用的过程中容易出现文字中断的情况，如图3-37所示。当遇到这类情况时，用户可以通过发出"继续写"指令或单击"Continue generating"按钮，让ChatGPT继续生成文本，如图3-38所示。

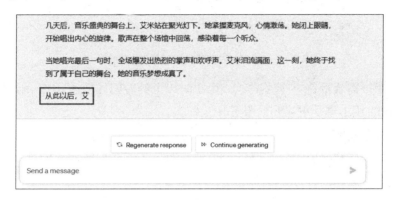

图 3-37 ChatGPT 出现文字中断的情况

图 3-38 让 ChatGPT 继续生成文本

3.2.5 ChatGPT 存在不稳定的状况

ChatGPT在使用过程中还可能出现一些不稳定的状况，如ChatGPT免费版本在高峰时期会被限制提问次数、ChatGPT不能完全理解提问或系统不稳定无法登录等。下面介绍ChatGPT可能出现的这些状况。

1. 被限制提问次数

当用户使用免费版本的ChatGPT时，可能偶尔会遇到如图3-39所示的提示，被限制提示次数。

图 3-39　ChatGPT 出现限制用户提问次数的提示

此时，用户需要等待一个小时或一个小时以上的时间才能重新登录使用，也可以选择升级至Plus版本享受更流畅的服务。

2. 不能完全理解提问

有时，ChatGPT会像学生在课堂上走神一般无法完全理解用户的提问，从而给出一些"跑题"的回复，如图3-40所示。

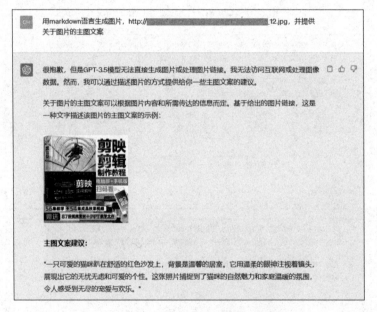

图 3-40　ChatGPT 生成"跑题"的回复

显然，ChatGPT并未按照要求为我们提供所需的主图文案，而是随意生成了文案参考。当用户遇到这类情况时，可以通过刷新页面或者修改提问词，开启一个新的窗口，重新提问。

3. 系统无法登录

用户在运用ChatGPT时，可能偶尔会遇到无法登录的情况，此时可以尝试刷新网络或更改网络配置来解决。

尽管ChatGPT目前可能还存在上述问题，但无法否认ChatGPT是生成式AI应用的一大进步，相信ChatGPT通过未来AI技术的发展会变得越来越完善。

3.3 提问技巧：编写ChatGPT指令的技巧

基于前面对ChatGPT相关理论知识的学习，可以得知ChatGPT生成文本的关键在于用户提供的指令或提示词（Prompt），因此，若是想要熟练地运用ChatGPT，用户需要掌握一定的指令编写技巧。本节将详细介绍ChatGPT指令的编写技巧。

3.3.1 遵循3个原则来编写指令

基于ChatGPT是对话聊天形式的AI模型，我们要想获得有效的回复，需要与其建立起清晰、交互的沟通，而沟通的前提在于用户提供Prompt，即指令。用户提供指令的准确性决定了ChatGPT生成回复的有效性。下面介绍编写指令的3个原则，帮助用户更好地运用ChatGPT。

1. 语言明晰原则

语言明晰是人与人之间建立沟通与联系的第一要义，我们在与ChatGPT沟通的时候也一样，应该准确地表达词意、句意和语意，避免使用一些模棱两可或有歧义的语言。下面通过举例对语言明晰原则进行对比说明，如图3-41所示。

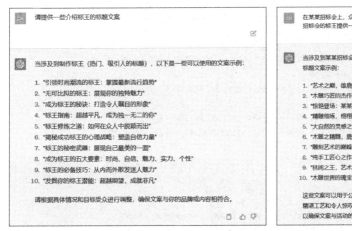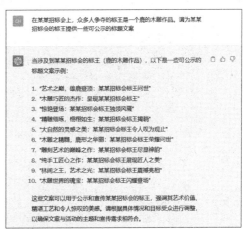

图 3-41　举例对语言明晰原则进行对比说明

图3-41中所示的"标王"是带有两层含义的词语，一方面可以指以招投标形式产生的最有价值的标的物；另一方面指的是最终报价最高的投标人。显然，第一个直接提问"介绍标王"，ChatGPT给出的答案过于宽泛，且对"标王"一词的理解较为模糊；第二个提问，具体指出了"标王是什么"，ChatGPT给出的答案更具有参考价值。

2. 简明扼要原则

这里所说的简明扼要原则，一方面是指用语简洁，但不限于字数的要求，能够让ChatGPT理解并给予回应即可；另一方面是指简单的提示，尽量不使用符号或切线，确保ChatGPT能够准确理解。例如，在ChatGPT的输入框中输入"请提供一篇有关环境保护的文章"，ChatGPT给出的回复紧扣环保主题，如图3-42所示。

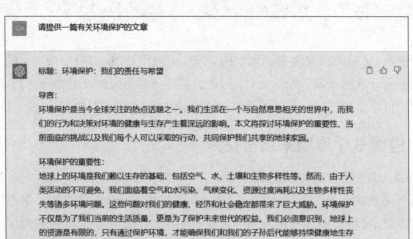

图 3-42　输入体现简明扼要原则的回复

3. 关联需求原则

ChatGPT作为AI模型，虽然能够进行连续性的回复，但其生成的答案还是属于直线式的思考，即一个提问对应一个答案。因此，在编写关键词时，需注意紧扣自己的需求，尽量不要引入不相关的话题，以免分散ChatGPT的注意力。例如，在ChatGPT中输入"针对垃圾分类主题生成公益广告文案，要求简洁明了，但不能像'保护环境，人人有责'这种太过直白"，ChatGPT给出的回复如图3-43所示。

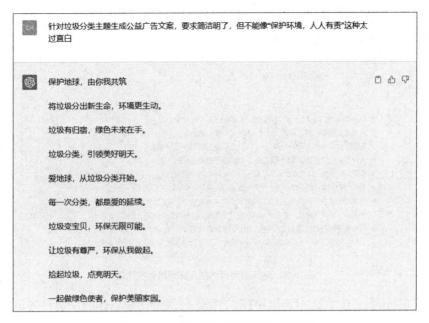

图3-43　输入体现关联需求原则指令的回复

3.3.2　掌握3个方法来挖掘指令

当我们想要ChatGPT给我们提供帮助时，需要输入恰当的指令，让ChatGPT识别、理解并提供回复。因此，有效地运用ChatGPT的关键在于挖掘指令。下面介绍3种挖掘指令的方法。

1. 选择贴切的关键词

挖掘指令的第一步是选择贴切的关键词。关键词大致可以分为两类，一是较为宽泛的关键词，例如，在ChatGPT中输入"请写出10个关于美食的文案"时得到的回复如图3-44所示。

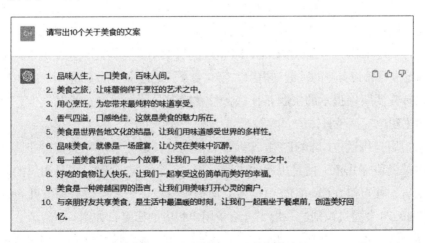

图3-44　输入较为宽泛的关键词得到的回复

二是较为具体的关键词，例如，在ChatGPT中输入"请写出10个关于北京炸酱面的文案"时得到的回复如图3-45所示。

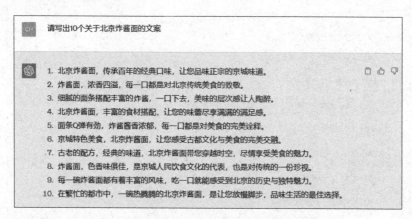

图 3-45　输入较为具体的关键词得到的回复

由图3-44和图3-45可知，ChatGPT对于宽泛的关键词和具体的关键词的识别度是不同的，会给用户提供不一样的回复。在输入"美食"这个宽泛的关键词时，ChatGPT给出的回复会较为概念化，涉及多个方面的信息；而输入"北京炸酱面"这个具体的关键词时，ChatGPT主要针对"北京炸酱面"的色香味等方面进行介绍。两种关键词各有其用处，用户选择输入哪种关键词取决于其真正的需求是什么。

2. 确定指令的主题

对ChatGPT指令进行挖掘，实则是想要给予ChatGPT以提示，从而获得ChatGPT生成的、更为有效的回复。一般来说，用户选择较为宽泛的关键词进行提示，是想要ChatGPT生成一些事实性、概念性的回复，类似于"请说出世界上最大的湖是什么？"的提示。

用户选择较为具体的关键词进行提示，多数是想要ChatGPT提供一些灵活性、观念性的回复，类似于"用诗意的语言描述一下武功山"的提示。

从这一层面上看，用户选择较为宽泛的关键词并不难挖掘，反而是选择较为具体的关键词会有一定难度，因为想要ChatGPT生成的答案不同。为此，挖掘关键词的方法在于如何确定进行较为具体的关键词提示。第一要义是确定提示的主题，详细介绍如下。

用户首先要明确提示的主题是什么，且在确定具体的关键词的基础上，用户应明确提示的主题也应该是具体的。

例如，用户想通过ChatGPT生成一篇文章大纲，是关于呼吁关爱留守儿童的，那么"呼吁关爱留守儿童"便是提示的主题，而"一篇文章大纲"则是用户的需求，组织一下语言，便可以在ChatGPT中输入"请提供一篇关于呼吁关爱留守儿童的文章大纲"，ChatGPT会通过识别这一指令，给予用户相应的回复，如图3-46所示。

简而言之，用户想要通过ChatGPT生成灵活性、观念性的回复，则需要在指令中说明主题，主题需要具体到某个领域、某个行业或某个话题。

图 3-46 ChatGPT 生成特定主题的文章大纲

3. 细化主题描述

当用户在给ChatGPT的指令中说明了主题的情形下，仍旧没有得到理想的回复时，可以进一步细化主题描述，多加入一些限定语言或条件，具体方法如下。

1）加入限定语言

用户可以在拟写指令时，加入一些副词、形容词等限定语言，让整体的关键词更加具体，更能接近我们所期待的答案。

例如，用户需要ChatGPT提供端午节的贺词，则在拟写关键词时可以加入"突出美好的祝福和欢快的心情"等限定语言，整合为"提供端午节的贺词，要突出美好的祝福和欢快的心情"，输入至ChatGPT的输入框中，可以得到ChatGPT的回复如图3-47所示。

用户还可以进一步细化主题描述，如加入不同受众需求，修改关键词为"重新提供端午节的贺词，针对不同的年龄层"，在同一个ChatGPT的输入框中输入，得到ChatGPT的回复如图3-48所示。

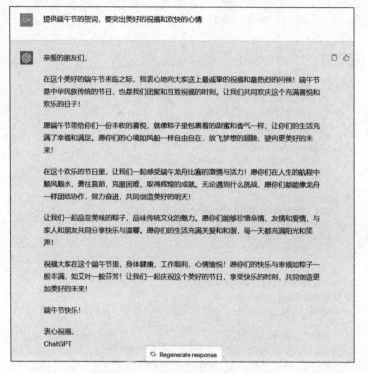

图 3-47　加入限定语言的指令得到的回复

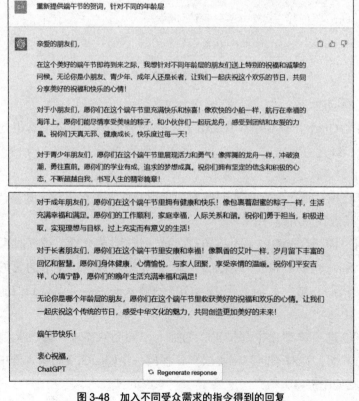

图 3-48　加入不同受众需求的指令得到的回复

2）设置限定条件

在指令中设置限定条件的常用做法如下：用户让ChatGPT进行角色扮演，指定ChatGPT是充当某一个角色，然后描述这一角色所要完成的任务或面临的困境。

例如，让ChatGPT充当辩论选手，提出论点，在ChatGPT的输入框中输入"你是一名辩论选手，请针对正方观点'人与自然可以和谐相处'，提出5个论点，每个论点都要有实例佐证"，得到的回复如图3-49所示。

图 3-49　设置限定条件的指令得到的回复

3.3.3　掌握 7 种技巧来编写指令

用户在与ChatGPT进行对话时，大多数的任务需求中都需要用到含有较为具体关键词的指令，想要让ChatGPT生成更为满意的回复，则需要掌握一定的指令编写方法。下面将介绍7种ChatGPT指令的编写方法，帮助大家更加得心应手地运用ChatGPT。

1. 提供实例参考

用户在对ChatGPT进行提问时，可以提供一个具体的实例让其参考，等ChatGPT识别之后便可以生成更为满意的答案。

例如，在ChatGPT的输入框中输入"'山朗润起来了，水涨起来了，太阳的脸红起来了'是描述春天万物苏醒的画面，请根据这类写法描述一下冬天"，得到的回复如图3-50所示。

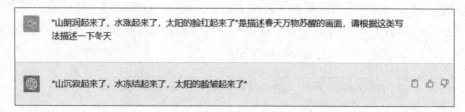

图 3-50 提供实例参考后 ChatGPT 生成的回复

提供实例参考的用法，还有一种是让ChatGPT提出修改建议。例如，"请针对我写作的文章开头，提供更有画面感和诗意的修改建议。以下是我的文章开头：寒冷的冬天悄然降临，大地被白雪覆盖，寂静而宁谧。这个季节散发着独特的魅力，每一刻都仿佛是一幅美丽的画卷，让人陶醉其中。"在ChatGPT的输入框中输入这段指令，得到的回复如图3-51所示。

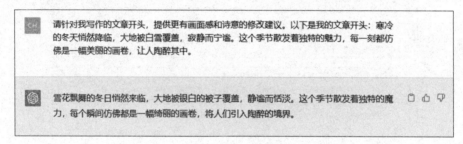

图 3-51 让 ChatGPT 提出修改建议后生成的回复

一般来说，ChatGPT都会给出比较中肯的建议，能够帮助我们进行发散性思维。除此之外，用户在拟写指令时提供实例参考，还可以让ChatGPT帮忙修改简历、代码、学术论文等，应用较广。

2. 模仿语言风格

当用户不知道如何拟写指令才能够获得满意的回复时，可以让ChatGPT模仿语言风格，从用户自身出发，包括自己喜欢的影视人物、动漫人物、作家等语言风格，都要求ChatGPT进行模仿。

例如，在ChatGPT的输入框中输入"以奥诺雷·德·巴尔扎克的语言风格，写一篇现实主义小说，字数在500字以内"，ChatGPT生成的回复如图3-52所示。为了防止小说字数过多，用户可以根据自己的需求在指令中加入字数要求。

再例如，在ChatGPT的输入框中输入"模仿《无人生还》的写法，写作一篇悬疑虚构小说，字数在300字以内"，ChatGPT会根据指令生成相应的小说，部分内容如图3-53所示。

以奥诺雷·德·巴尔扎克的语言风格，写一篇现实主义小说，字数在500字以内

在巴黎的一个狭窄街道上，有一家小铺子，名字叫做"黎明之光书店"。这是一家典型的巴黎街头小店，木制货架上摆满了各式各样的书籍，书店老板是一位年过五旬的绅士，名叫亨利·贝尔东。

亨利的书店虽然不大，但却是附近居民的心头好。每天早晨，亨利都会亲自打开门，迎接那些早起的读书人。他的招待有礼貌，但总是略显冷漠，仿佛生活已经让他见惯了人情冷暖。

亨利的生活单调而有规律。白天，他坐在书店里，翻看着书本，时不时地为顾客推荐一两本书。傍晚，他会回到自己的小公寓，独自一人用晚餐，然后继续阅读。他的日常生活被书籍填满，仿佛书本已经成为他的伙伴。

然而，有一天，一位陌生女子踏进了"黎明之光书店"。她有一头乌黑的长发，眼睛里闪烁着一种不同寻常的光芒。她走近书架，浏览着书籍，一时间迷失在文字的海洋中。

亨利静静地观察着她，心中涌现出一种奇怪的感觉。这位女子在书店里度过了整整一个下午，最终选中了一本名为《失落的旅行者》的小说。

当她走到收银台时，亨利微微一笑，说："这是一本不错的选择，它会让你的心灵漫游在遥远的地方。"

女子望着亨利的眼睛，突然感到一股奇妙的亲近感。她支付了书款，留下了自己的名字，然后走出了书店。

从那天起，女子经常光顾"黎明之光书店"。她和亨利聊起了书籍、生活和梦想。亨利逐渐打破了自己的孤独，而女子也在他的陪伴下找到了灵感和温暖。

他们的关系渐渐加深，像是两本书的故事在悄然发生着变化。然而，亨利始终没有告诉她，他自己也是一本书的主人，一个曾经走失在文字中的旅行者。

时间过得飞快，秋天来临，叶子渐渐变黄。亨利突然发觉，自己的书店里已经不再只有书籍，还有了一个与他分享生活的伴侣。

他和那位女子，从陌生到熟悉，从寂寞到温馨，他们的爱情故事如同一本美丽的小说，书写着生活中最珍贵的情感。

在巴尔扎克式的文字下，这个小小的书店成为了一个爱的港湾，而亨利，终于找到了自己迷失已久的幸福。

图 3-52　模仿语言风格后 ChatGPT 生成的回复

模仿《无人生还》的写法，写作一篇悬疑虚构小说，字数在300字以内

深秋的午后，一艘小艇孤独地漂浮在湖泊中，周围是茂密的树林和笼罩在雾气中的山脉。艇上只有四个人：莉莎、迈克、莫妮卡和大卫。他们原本是来度假的，但现在，却陷入了一场死亡的游戏。

莉莎的声音颤抖着，她拿着一张字条，上面写着："只有一个人能够生存。"

迈克皱起眉头，他猛地站了起来，开始搜索小艇上的每个角落。莫妮卡急切地问："你找到了什么吗？"

大卫的眼神变得阴冷，他握着一把匕首，突然决定将它扔进湖中。莉莎突然明白，这是一场致命的博弈。

湖水在寂静中泛起涟漪，显然有人在水下潜行。莫妮卡紧张地注视着湖面，却不幸被一只手突然拖入水中，一声惨叫后，她消失在湖泊深处。

迈克愣住了，他发现自己陷入了一个生死之间的抉择。大卫持刀而立，莉莎的心脏怦然跳动。

"只有一个人能够生存。"莉莎突然领悟到，只有通过选择，才能活下来。她疯狂地决定，她不会是下一个死者。

她抢过大卫手中的匕首，但大卫突然抓住她的手腕，搏斗中，刀子刺穿了他的胸膛。大卫瘫倒在地，莉莎站在艇上，颤抖着，眼睛看向远方的树林。

她知道，生存是她唯一的选择，但这一刻，她也知道，她的生活已经永远改变了。深秋的湖泊，再也不会是她记忆中的那片宁静之地。

她成为了唯一的幸存者，但也成为了一个永远无法忘怀的凶杀案的证人，一个活生生的悬疑的结局，永远留在了她的心中。

图 3-53　ChatGPT 模仿小说写法创作的小说（部分内容）

3.赋予特定身份

ChatGPT以GPT语言模型为基底，可以充当各式各样的角色来生成回复，因此，用户在与ChatGPT对话时，可以先赋予其身份，如让ChatGPT充当法律顾问，对××问题给出建议，ChatGPT会生成更有参考价值的答案。

赋予ChatGPT以身份，相当于给了ChatGPT一定的语言风格和话题内容方面的提示，让ChatGPT能够对接下来的对话做足准备。这一技巧不仅适用于咨询ChatGPT信息，也适用于与ChatGPT进行深度的情感沟通。下面举例说明其应用。

假设我们让ChatGPT充当一个语文老师，让它生成一份语文知识点的教案，那么可以在ChatGPT中输入"你现在是一位语文老师，请生成一份面向高中生的语文知识点教案，包括教学重难点、课前导入、教学设计和课后小结。"，得到的ChatGPT的回复如图3-54所示。

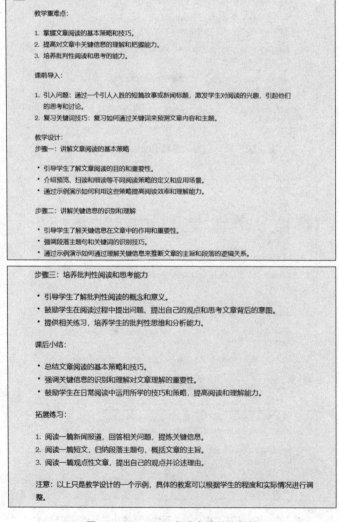

图 3-54　ChatGPT 拥有身份后的回复

可以看到在赋予了ChatGPT身份之后，ChatGPT按照提示生成了我们想要的答案，且教案的要素齐全，内容有针对性，虽然不够具体，但具备了一定的参考性。运用赋予身份的这个技巧，还可以让ChatGPT充当情感陪伴，满足我们的情感需求。

扫码看教学视频

例如，赋予ChatGPT拥有关怀、同理心的身份，让其进行情感疏导。具体操作方法如下：

步骤01 在ChatGPT的输入框中输入"假设你现在是一个温暖的人格，你能够理解每句话背后所隐藏的信息，并针对这些信息作出回应。你还可以基于你所察觉到的隐藏信息，运用逻辑推理出我的处境，并对我进行情感安慰。"指令，赋予ChatGPT能够进行情感疏导的身份，如图3-55所示。

> 假设你现在是一个温暖的人格，你能够理解每句话背后所隐藏的信息，并针对这些信息作出回应。你还可以基于你所察觉到的隐藏信息，运用逻辑推理出我的处境，并对我进行情感安慰。

> 当然，我会尽力理解并回应你所表达的话语背后的含义。请告诉我你想要分享或讨论的内容，我将尽力帮助你，并在需要时提供情感上的支持和安慰。无论你的处境如何，我将尽力运用我的逻辑推理和同理心来回应你的需求。请告诉我你想要谈论的话题或问题，让我们开始吧。

图 3-55　赋予 ChatGPT 以合适的身份

步骤02 在同一对话窗口中继续描述"我的困扰"。例如，在ChatGPT的输入框中继续输入"我今天感到很难过，因为我最好的朋友要去国外留学了"的问题描述，ChatGPT生成的回复如图3-56所示。

> 我今天感到很难过，因为我最好的朋友要去国外留学了

> 我能理解你感到难过的原因。失去亲密的朋友或者看到他们离开是一种令人伤感的经历。这样的变化可能让你感到孤独、不适应或者担心以后的友谊会发生改变。
>
> 在这种情况下，你可以尝试以下方法来应对这种难过的感觉：
>
> 1. 表达你的情感：与你的朋友坦诚地谈谈你对他们离开的感受，分享你的担忧和希望保持联系的意愿。这样可以增进你们之间的理解和沟通。
> 2. 创造新的交流方式：即使朋友离开了，现代科技使我们能够保持联系。我们可以通过视频聊天、社交媒体、邮件或者信件来保持交流。定期安排时间聊天或视频通话，让彼此感到更亲近。
> 3. 保持积极的心态：尽管你会怀念和朋友在一起的时光，但也要尝试把注意力放在积极的方面上。想一想留学对你朋友的成长和发展意味着什么，也许这对他们来说是一次宝贵的机会。同时，你也可以利用这段时间专注于自己的兴趣和目标，结识新的朋友。
> 4. 与他人分享你的感受：除了你最好的朋友，还有其他人可以支持你度过这个过渡期。和其他朋友、家人或者辅导员分享你的感受，让他们理解你的情况并给予支持和鼓励。
>
> 请记住，尽管朋友离开会带来一些变化，但友谊是建立在真挚和互相支持的基础上的。即使距离远了，你们的友谊也可以经受住考验。你们可以共同努力维系联系，并在彼此的生活中继续扮演重要的角色。
>
> 如果你需要继续谈论或者有其他方面的困惑，请随时告诉我。我会尽力帮助你。

图 3-56　描述具体的困扰后 ChatGPT 的回复

步骤 03 还可以继续与ChatGPT对话，进行深度的情感交流或让其提供可能的解决方案，如输入"因为舍不得她离开，所以我赌气没有去送她，但是现在我又很后悔怎么办"，ChatGPT会对我们进行情绪安抚，如图3-57所示。

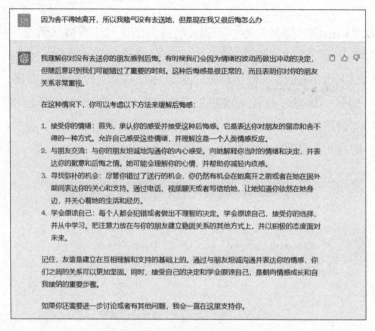

图 3-57　进行深度交流后 ChatGPT 的回复

由上述示例可以看出，ChatGPT按照指令要求始终对我们进行温暖的话语安慰，这对人类的情感疏导、心理疾病的治疗或缓解有一定的帮助。

4.指定表格输出

用户在与ChatGPT对话时，可以要求其以表格的形式给出回复，对于要点提炼、数据分析和短视频脚本创作等工作有很大的帮助。

例如，在ChatGPT的输入框中输入"用中文解释以下英文单词：pajamas、dolphin、melody。请用表格的方式呈现，并且表格内必须包含单词、词性、解释与例句。"，ChatGPT生成的回复如图3-58所示。

图 3-58　指定表格罗列答案后生成的回复

5. 指定特殊形式输出

用户可以指定ChatGPT以ASCII艺术形式输出结果。ASCII（American Standard Code for Information Interchange，美国信息交换标准代码）艺术，也被称为ASCII图形或文本艺术，是一种使用ASCII字符来创作图像、图表和图案的艺术形式。它可以使用简单的字符来创作出各种形式的艺术作品，包括人物、动物、景物、标志和抽象图案等。

ASCII艺术是计算机早期时代的一种表现形式，如今仍然被广泛使用和欣赏，成为一种独特的数字艺术形式。可以将它运用到ChatGPT当中，例如，在ChatGPT中输入"用ASCII艺术形式生成一只小猫"，生成的内容如图3-59所示。

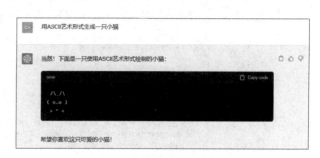

图 3-59　用 ASCII 艺术形式生成一只小猫

这种形式的艺术通常以单色或灰度的方式呈现，因为，它们只使用了字符本身的颜色和背景颜色。

6. 指定受众群体

用户在与ChatGPT进行交互时，可以提供上下文和明确的问题来间接地指定受众。通过提供特定领域、特定背景或专业知识相关的问题，可以帮助ChatGPT模型更好地理解用户的需求，并提供更准确、高效的回答。

在与ChatGPT的对话中明确指出用户的受众范围，以便模型能够更好地适应用户的需求，并给出更有针对性的回答。例如，在ChatGPT中输入"针对家长群体写一篇关于教育学龄前儿童的文章，字数为200字左右"，生成的内容如图3-60所示。

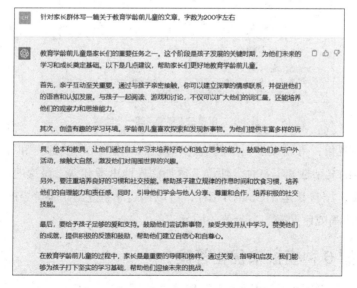

图 3-60　指定学龄前儿童的家长为受众群体生成的回复

通过提供明确的问题和相关上下文，可以增加模型对特定受众群体需求的理解和回应。

7. 切换视角

使用ChatGPT通过在不同的段落或章节中使用不同的视角，可以引入不同的人物、观点或经历，以便获得更全面的理解。例如，在ChatGPT中输入"以第三人称视角写一篇丛林探险的故事"，生成的故事内容如图3-61所示。

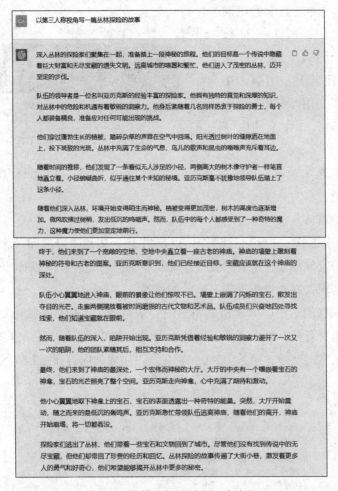

图 3-61　以第三人称视角写一个故事

通过切换视角，可以提供更多的信息和观点，增强文章的深度和广度。切换视角可以增加文章的复杂性和丰富性，使读者更加深入地思考和探索讨论的话题。

总的来说，用户在运用ChatGPT时，可以通过掌握上述7种指令的编写方法，让ChatGPT生成更高效、准确、有价值的回复。

3.3.4　掌握6种模板来优化答案

由于ChatGPT会受网络配置、系统故障、数据限制等影响，因此，其首次生成的回复难免存在纰漏或错误。当遇到这类情况时，用户可以通过掌握指令模板的方法来优化ChatGPT生成的答案。下面介绍6种指令模板。

1. 生成专业答案的指令

随着ChatGPT的应用场景不断扩大，使用人群不断增多，人们对ChatGPT生成更加专业性的答案的需求也不断增多。掌握"问题背景+任务需求+行业专家模板或方法论"这一指令模板，能够帮助我们提高使用ChatGPT的效率。这一指令模板的应用示例如下。

在ChatGPT的输入框中输入"根据《金字塔原理》书中的理论，生成10个关于雨伞的广告文案"，生成的答案如图3-62所示。可以看出，按照"问题背景+任务需求+行业专家模版或方法论"这一指令模板向ChatGPT进行提问，能够让ChatGPT生成更为专业的答案。

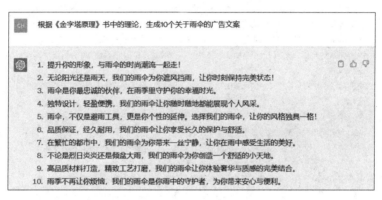

图 3-62　运用生成专业答案的指令后生成的答案

还可以继续提问，让ChatGPT对所生成的答案进行原理解释，如图3-63所示。

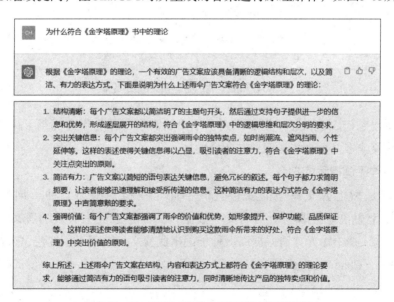

图 3-63　ChatGPT 对所生成的答案进行原理解释

2. 调试风格的固定指令

当用户需要指定ChatGPT的语言风格、内容属性时，可以套用"你的角色【专业领域】+你的能力【成果期待】+我希望你【任务需求】"这一固定指令模板，让ChatGPT生成用户想要的答案。

下面举例介绍这一固定指令的运用。

在ChatGPT的输入框中输入"你的角色是演员，你拥有十年的演艺经验，能够饰演各种不同类型的角色。现在你需要饰演一个靠卖煎饼为生来养活儿子的单亲妈妈，你将做哪些努力让自己更快地进入角色呢？"的提示，生成的答案如图3-64所示。

要更快地进入一个角色，演员需要进行一系列的研究和准备工作。作为一位演员，要饰演一个靠卖煎饼为生来养活儿子的单亲妈妈，你可以采取以下努力：

1. 背景研究：深入了解这个角色的背景故事，包括她的家庭背景、经济状况、生活环境等。了解她所处的社会环境和面临的挑战，以便更好地理解她的处境和情感。

2. 观察和倾听：观察和倾听真实生活中的单亲妈妈，了解他们的日常生活、行为举止、语言和情感表达方式。这可以通过与单亲妈妈交谈、观察她们的互动或者观看相关纪录片或电影来实现。

3. 感同身受：试着从这个角色的角度出发，想象自己是她，经历她的生活。尝试理解她的内心感受、焦虑、希望和挣扎，以便更深入地理解她的情感状态。

4. 学习技能：如果可能的话，学习煎饼制作的技能。这将帮助你更好地理解角色的工作内容、动作和流程，使你的表演更加真实和自然。

5. 与剧本融为一体：仔细研读剧本，理解角色在剧情中的角色转变、情感变化和关键场景。将自己置身于角色的情境中，思考她的动机、目标和内心世界。

6. 与导演和团队合作：与导演和其他团队成员进行沟通，分享你对角色的理解和创意。倾听导演的指导并与其他演员进行排练，以便更好地理解角色在整个故事中的位置和关系。

7. 角色准备：通过角色分析，构建角色的背景故事、心理特征和情感世界。练习角色的语言、口音和姿态，并通过表演练习和排练来熟悉角色的情感表达和动作。

8. 自我反思和调整：不断观察自己的表演，反思和调整。尝试不同的演绎方式，与其他演员进行反馈和交流，以便提高自己的表演技巧和角色理解。

通过以上努力，你可以更快地进入角色，塑造一个真实、有血有肉的靠卖煎饼为生来养活儿子的单亲妈妈角色。记住，对角色的深入理解和付诸实践是饰演一个角色的关键。

图3-64 调试风格的固定指令生成的答案

可以看出，ChatGPT通过指令识别了用户的需求，并为用户提供了比较中肯的建议，这些建议或多或少都能让用户有所启发。

3. 提供种子词提示的指令

种子词是指生成文章中需要包含的字词。在指令中加入种子词，可以帮助ChatGPT模型更快地提取到恰当的文本数据，从而生成更为有效的答案。例如，在ChatGPT的输入框中输入"请根据以下种子词生成软文：阴雨天、红色、火焰，字数在500字以内"，ChatGPT生成的答案如图3-65所示。

请根据以下种子词生成软文：阴雨天、红色、火焰，字数在500字以内

热情绽放，雨中的红色火焰

阴雨天，漫天细雨轻轻飘洒，如同一场深情的告白。这是那个季节，人们纷纷躲在遮雨的地方，期待阳光的归来。然而，在这阴霾的天空下，有一种红色的火焰，正燃烧着生命的激情与希望。

红色，是一种鲜艳热烈的颜色，代表着生命的活力与热情。在这灰暗的天气中，红色如同一颗明亮的明星，照亮了整个城市的角落。街头巷尾，你会看到一抹抹红色的身影，它们是勇敢前行的人们，他们的激情与决心燃烧不息，仿佛一团火焰在心中跳动。

红色的雨伞，在雨中闪耀着独特的光芒。它宛如一片片火焰，将寒冷的空气点亮。雨伞下，有情侣们相依相伴，共同面对着风雨。他们手牵手，一同迎接挑战，用爱与坚定点燃生命的火焰。红色雨伞也见证了许多人们的坚持与奋斗，他们披荆斩棘，永不言败，因为他们知道，只有付出才能收获。

阴雨天，不仅是外界的天气，更是内心的状态。有人抱怨天气的阴沉，有人沉溺在情绪的低谷。然而，正是在这样的日子里，我们更能够激发内心的力量。每当我感到低落时，我会抬头仰望天空，寻找那一丝红色的光芒。那是一种勇气，一种无畏的精神，它犹如火焰般燃烧，驱散了内心的阴霾，让我重新点燃对生活的热爱。

火焰，象征着力量与希望。无论何时何地，它都能燃烧起人们心中的渴望与梦想。纵使是在最寒冷的冬日，火焰仍能燃烧不息，将温暖带给我们。阴雨天的红色火焰，也正是这样的存在。它们照亮了我们前行的道路，鼓舞了我们战胜困难的勇气。

阴雨天中的红色火焰，正是我们内心的力量与信念的象征。无论外界如何变幻，无论阴云如何密布，只要我们心中燃烧着那团火焰，我们就能够勇往直前。让我们用热情去迎接每一天，让红色火焰点燃我们生命的激情，让它在阴雨天中绽放出属于我们自己的光芒！

图 3-65 提供种子词提示的指令生成的答案

4. 生成逻辑性答案的指令

如果用户想要ChatGPT更加理解所提出的问题，可以尝试在向其提问时，加入"Let's think step by step"（让我们一步一步思考）这个指令，即可让ChatGPT学会逻辑思考，生成更令用户满意的答案。下面举例介绍具体的操作方法。

扫码看教学视频

步骤 01 在不添加指令的情形下，向ChatGPT提问"描述衡山的景点特征"，生成的答案如图3-66所示。

步骤 02 添加指令，在ChatGPT中输入"描述衡山的景点特征，Let's think step by step"，生成的答案如图3-67所示。可以看出，在添加指令之后，ChatGPT生成的答案带有一定的逻辑性，层次分明。

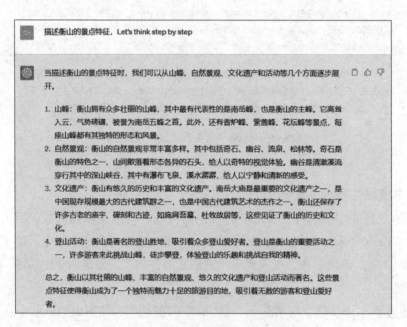

图 3-66　不加任何指令时 ChatGPT 生成的答案

图 3-67　加入指令后 ChatGPT 生成的答案

5. 拓宽模型思维的指令

如果用户需要用ChatGPT来做创意、项目及策划类的方案，可以在提问时加上如下指令："What are some alternative perspectives？"（有哪些可以考虑的角度），可以拓宽ChatGPT模型的思维广度。

例如，在ChatGPT中输入"描述夏天雨水的特征"，ChatGPT的回答如图3-68

所示，整体内容比较平铺直叙。再次提问"描述夏天雨水的特征，What are some alternative perspectives？"，ChatGPT会从不同的观点和角度来回答该问题，给用户提供更多的思路和帮助，如图3-69所示。

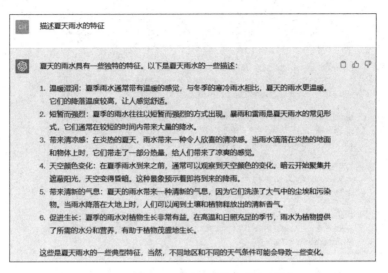

图 3-68 未加入指令时 ChatGPT 给出的答案

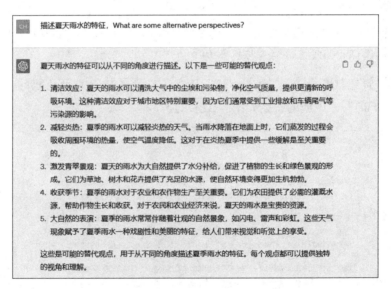

图 3-69 加入指令后 ChatGPT 给出的答案

6. 生成灵活性回复的指令

一般情况下，ChatGPT生成的文案虽然非常严谨，但略显死板、单调。想让ChatGPT的回答更灵活，用户可以在关键词的结尾加上如下指令：Please generate the answer at x或use a temperature of x（请用x的温度生成答案），下面通过实操对比一下。

扫码看教学视频

步骤01 在ChatGPT中输入"请写一段关于企鹅的描述"，没有添加温度指令，生成的答案如图3-70所示。

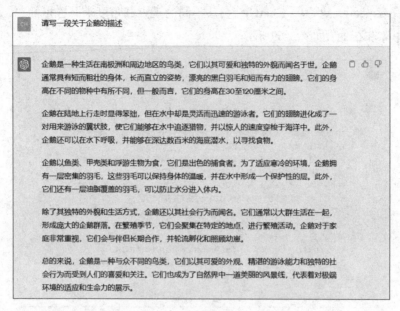

图 3-70　没有添加温度指令生成的答案

★ 专家提醒 ★

x 为一个数值，一般设置在 0.1 ~ 1。低温度可以让 ChatGPT 的回答变得稳重且有保障，高温度则可以让 ChatGPT 充满创意与想象力。

步骤 02 加上温度指令，在ChatGPT中输入"请写一段关于企鹅的描述，use a temperature of 0.7"，生成的答案如图3-71所示。

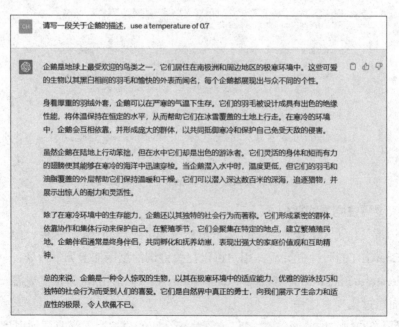

图 3-71　添加温度指令后生成的答案

可以看到，两个回答的对比非常明显，没有温度指令生成的回答比较机械化，而添加温度指令后生成的回答则犹如小说情节一样，更有吸引力。

3.3.5 掌握 ChatGPT 生成图表的指令

ChatGPT可以与其他画图软件或网页协作生成图表或图文并茂的文章，只需在指令中加入特殊说明即可。下面将具体介绍ChatGPT生成图表的指令，以及加入指令后ChatGPT的回复。

1. 生成图片的指令

在ChatGPT中输入"描述一下荷花，并附带荷花的图片"，生成的内容如图3-72所示。可以看到，虽然ChatGPT尝试去调用网络中符合要求的图片，但图片无法显示出来。

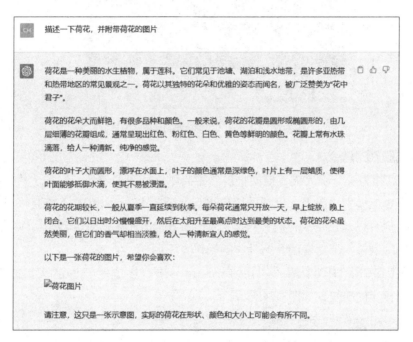

图 3-72 图片无法显示的文章内容

其实，用户可以在关键词的后面添加一条指令"发送图片时候请用markdown语言生成，不要反斜线，不要代码框，不要文字介绍，图片链接"，即可让ChatGPT自动进行配图。

★ 专 家 提 醒 ★

markdown 是一种轻量级的标记语言，它允许用户使用易读易写的纯文本格式编写文档，并通过一些简单的标记语法来实现文本的格式化。markdown 语言的语法简洁明了，学习成本低，因此被广泛应用于写作、博客、笔记、文档等领域。

接下来加入这个指令再生成一次，将上面的提示修改为"描述一下荷花，并附带荷花的图片，发送图片时请用markdown语言生成，不要反斜线，不要代码框，不要文字介绍，×××（此处为图片链接）"，ChatGPT即可利用markdown语言生成图片，如图3-73所示。

图 3-73　ChatGPT 借助特殊语言生成图片

2. 生成图表的指令

ChatGPT作为一个聊天机器模型，虽然主要以语言文字著名，但基于其智能数据库也能够生成图表，以帮助用户提高办公效率。ChatGPT不能直接生成图表，但可以通过生成代码，再复制到Mermaid.live在线编辑器中，以此实现图表的制作。下面举例介绍具体的操作方法。

扫码看教学视频

步骤 01 在ChatGPT中输入"用Mermaid.js语言生成《三国演义》的人物关系图"，得到相应的回复，如图3-74所示。

上述代码中，每一行代表一个人物，箭头表示人物之间的关系，例如"-- 同盟 -->"表示同盟关系，"-- 敌对 -->"表示敌对关系，"-- 助手 -->"表示助手关系，"-- 兄弟 -->"表示兄弟关系。

请注意，这只是一个简单的示例，仅包含了一些主要人物之间的关系。实际的人物关系图可能更加复杂和庞大。你可以根据自己的需求和喜好进行进一步的修改和扩展。

图 3-74　ChatGPT 生成的回复

步骤02 单击"Copy code"（复制代码）按钮，如图3-75所示。

图 3-75　单击 Copy code（复制代码）按钮

步骤03 在浏览器中找到并打开Mermaid.live线上编辑器，❶将复制出来的代码粘贴进去；❷可以查看《三国演义》中的人物关系简图，如图3-76所示。

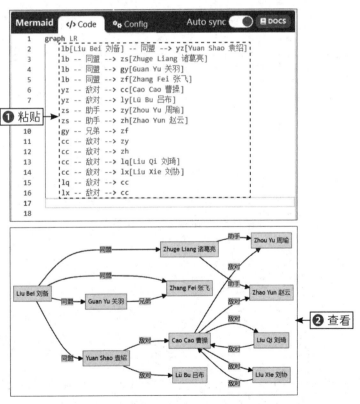

图 3-76　查看《三国演义》中的人物关系简图

★ 专家提醒 ★

ChatGPT 生成图表只是作为一个提供代码的"帮手"，具体的任务还需要借助 Mermaid. live 线上编辑器来完成，这是 ChatGPT 的局限性，也是其发展机遇。需要注意的是，ChatGPT 生成的 Mermaid.js 代码可能会存在事实错误，但不可否认它能够实现制作图表的功能。

3. 生成思维导图的指令

思维导图是一种能够帮助我们厘清思路、表达思想的思维工具。它具有图文并茂、简单实用、突出重点的特点，旨在帮助用户在日常生活和工作学习中做出高效的决策。

扫码看教学视频

用户可以运用ChatGPT生成制作思维导图的代码，然后将代码复制到可以生成思维导图的网站中，便能够得到所需的思维导图，具体操作方法如下：

步骤01 让ChatGPT生成相应主题的大纲，如输入"提供一个重庆五天游的旅游规划"指令，ChatGPT便生成完整的旅游规划，部分内容展示如图3-77所示。

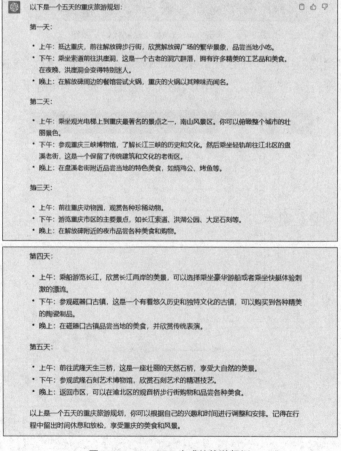

图 3-77　ChatGPT 生成的旅游规划

步骤02 让ChatGPT将旅游规划转换为OPML代码，如输入"将上述旅游规划转换为OPML代码"指令，ChatGPT会生成可以制作思维导图的代码，部分代码如图3-78所示。

图 3-78 ChatGPT 生成相应的部分代码

步骤03 将ChatGPT生成的代码复制并粘贴至记事本中，保存并修改记事本的文件扩展名为.opml。在浏览器中搜索"幕布在线编辑"，选择"幕布"官方网站进入，在"幕布编辑"页面中单击●按钮，如图3-79所示。

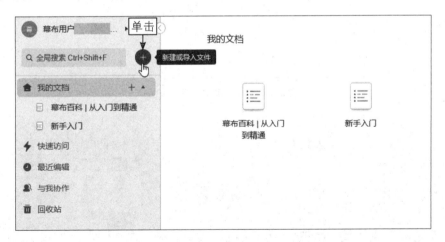

图 3-79 单击相应按钮

步骤04 执行操作后，依次选择"导入"选项和"导入OPML"选项，会弹出"导入OPML"对话框，如图3-80所示。

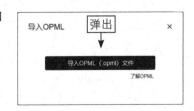

图 3-80 弹出"导入 OPML"对话框

步骤05 单击"导入OPML（.opml）文件"按钮，找到前面保存好的代码文件并打开，便可以将文件导入到"幕布编辑"页面中，如图3-81所示。

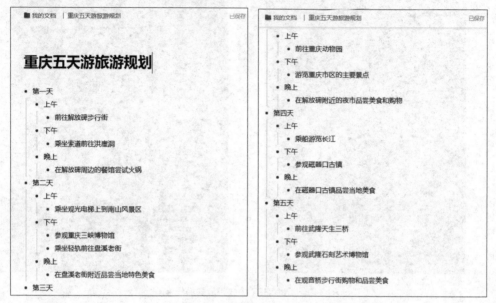

图3-81　导入OPML（.opml）文件

步骤06 单击"幕布编辑"页面右上角的"思维导图"按钮，如图3-82所示，即可生成以旅游规划为内容的思维导图，如图3-83所示。

图3-82　单击"思维导图"按钮

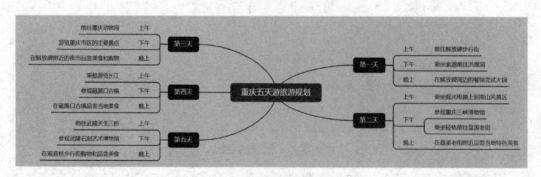

图3-83　生成以旅游规划为内容的思维导图

★ 专家提醒 ★

OPML（Outline Processor Markup Language，大纲处理标记语言）是一种文件保存格式。"幕布"是一款可以线上编辑的思维概要整理工具，能够快速生成不同图形组合的思维导图。

102

3.4 提问案例：与ChatGPT进行对话示例

运用ChatGPT的文本生成功能可以帮助用户解决生活和工作中的大部分问题。本节将讲解一些提问案例，让大家更加熟练地运用ChatGPT。

3.4.1 提问 ChatGPT 知识科普类问题

扫码看教学视频

运用ChatGPT可以帮助我们答疑解惑，如让ChatGPT为我们进行知识科普，具体操作方法如下：

步骤 01 打开ChatGPT，在其输入框中输入指令，如"鱼的记忆真的只有七秒吗？"，如图3-84所示。

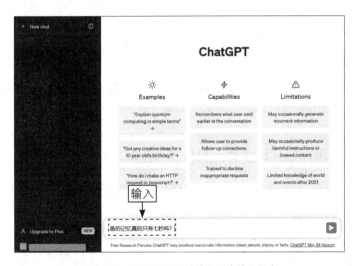

图 3-84　在 ChatGPT 的输入框中输入指令

步骤 02 单击输入框右侧的发送按钮▶或按【Enter】键，如图3-85所示。

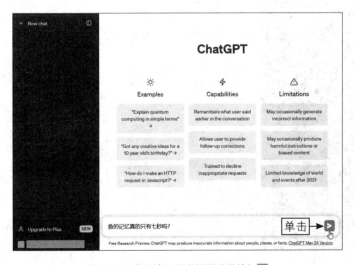

图 3-85　单击输入框右侧的发送按钮▶

步骤03 ChatGPT会识别指令，给出相应的答案，如图3-86所示。可以看出，ChatGPT从专业角度给出了回复，向我们科普了鱼的记忆能力因鱼的种类而异。

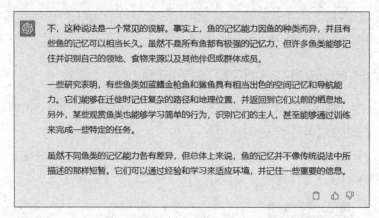

图 3-86　ChatGPT 给出科普答案

★ 专家提醒 ★

用户向 ChatGPT 提问知识科普类的问题时，可以直接提出疑惑，无须在意指令的编写是否明确、清晰或简洁。结合 ChatGPT 给出的答案，还可以进一步提问，以了解更多知识。

3.4.2　提问 ChatGPT 生活常识类问题

扫码看教学视频

用户在生活中遇到一些家务清洁、健康养生、美容护肤、购物诀窍等疑惑，都可以向ChatGPT提问，直接清晰地表达诉求即可。下面举例介绍操作方法。

步骤01 打开ChatGPT，新建一个聊天窗口，在其输入框中输入指令，如"如何挑选西瓜？"，如图3-87所示。

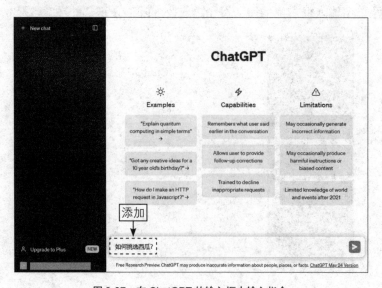

图 3-87　在 ChatGPT 的输入框中输入指令

步骤 02 单击输入框右侧的发送按钮▷或按【Enter】键，如图3-88所示。

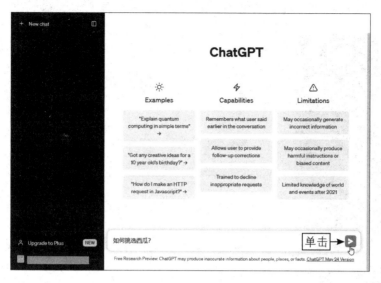

图 3-88　单击输入框右侧的发送按钮▷

步骤 03 ChatGPT给出挑选西瓜的技巧，如图3-89所示。

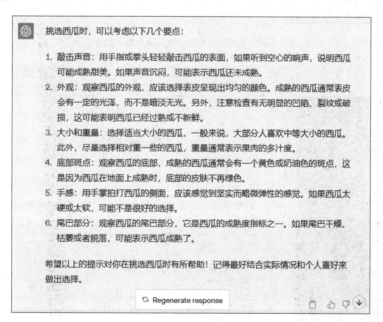

图 3-89　ChatGPT 给出挑选西瓜的技巧

3.4.3　提问 ChatGPT 安全应用类问题

用户可以把ChatGPT当作安全领域的专家，无论现实生活中遇到的威胁身心安全的问题，还是在网络世界中遇到的泄露隐私问题，都可以询问ChatGPT的建议或帮助。下面举例介绍具体的操作方法。

扫码看教学视频

步骤01 打开ChatGPT，在其输入框中输入指令，如"遇到地震时，应该怎么逃生？"，如图3-90所示，向ChatGPT提问遇到自然灾害的逃生技巧。

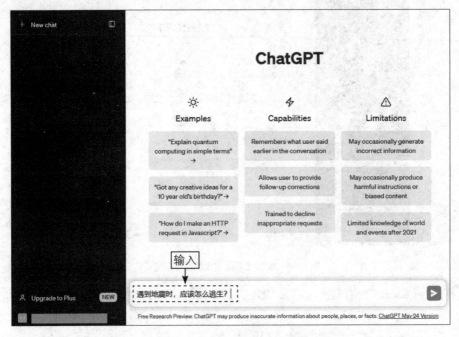

图 3-90　在 ChatGPT 的输入框中输入指令

步骤02 单击输入框右侧的发送按钮▶或按【Enter】键，如图3-91所示。

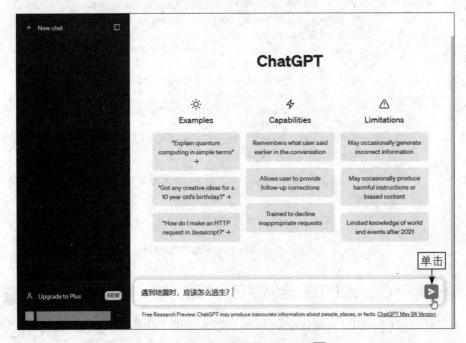

图 3-91　单击输入框右侧的发送按钮▶

步骤03 ChatGPT给出应对地震的逃生指导，如图3-92所示。

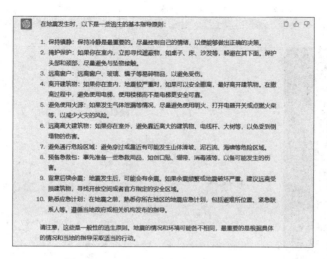

图 3-92　ChatGPT 给出地震时的逃生指导

3.4.4　提问 ChatGPT 逻辑推理类问题

ChatGPT可以为用户解答逻辑推理类问题。在剧本杀这项娱乐活动盛行的当下，用户可以通过与ChatGPT对话来学习ChatGPT思考问题的思路与角度，以此培养自己的逻辑推理能力。下面介绍提问ChatGPT逻辑推理类问题的操作方法。

步骤01 打开ChatGPT，在其输入框中输入指令，如"有口井7米深，有只蜗牛从井底往上爬，白天爬3米，晚上往下坠2米，问蜗牛几天能从井里爬出来？Let's think step by step"，如图3-93所示。

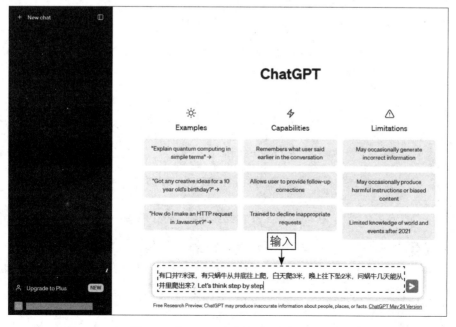

图 3-93　在 ChatGPT 的输入框中输入指令

步骤02 单击输入框右侧的发送按钮▶或按【Enter】键，如图3-94所示。

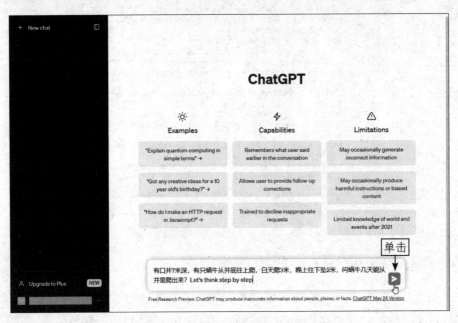

图3-94　单击输入框右侧的发送按钮▶

步骤03 ChatGPT给出逻辑推理问题的答案，如图3-95所示。可以看出，ChatGPT并未进行深入思考，陷入了思维定式中，因此，给出了错误的答案。

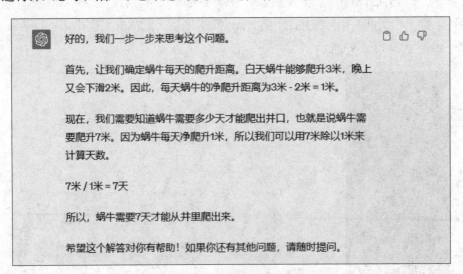

图3-95　ChatGPT给出逻辑推理问题的答案

步骤04 纠正ChatGPT的答案，❶继续输入指令，如"蜗牛每天净爬升1米，意味着第4天的时候已经爬到4米的高度了，剩余的3米利用白天的时间就可以爬完，也无须再下降了。因此，蜗牛应该是花费5天从井里出来。"；❷单击输入框右侧的发送按钮▶，如图3-96所示。

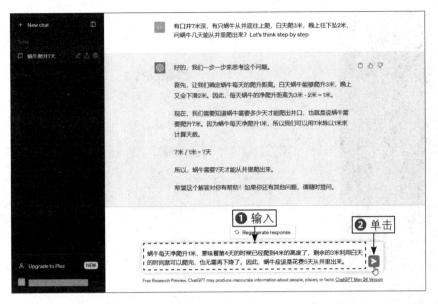

图 3-96　单击输入框右侧的发送按钮 ▶

步骤 05 ChatGPT承认生成错误，如图3-97所示。

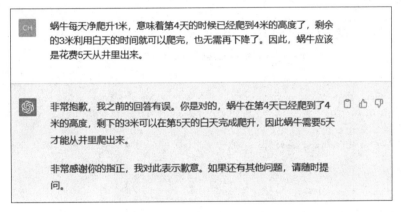

图 3-97　ChatGPT 承认生成错误

可以看出，ChatGPT当前对于逻辑推理问题的回答仅限于直线思维的推理，面对较为复杂的推理问题还存在一定的计算困难，但相信随着技术的发展，ChatGPT的回答会进一步优化。

3.4.5　提问 ChatGPT 数学计算类问题

用户可以尝试向ChatGPT询问数学问题，如几何运算、解函数方程等，查看ChatGPT是否能够生成正确的答案。下面举例介绍操作方法。

扫码看教学视频

步骤 01 打开ChatGPT，❶在其输入框中输入指令，如"商店里原来有一些饺子粉，每袋5千克，卖出4袋以后，还剩40千克。请问这个商店原来有多少千克饺子粉？"；❷单击输入框右侧的发送按钮 ▶，如图3-98所示。

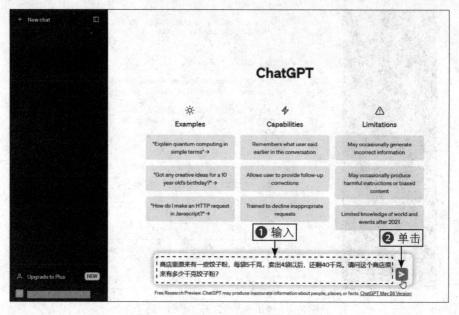

图 3-98　单击输入框右侧的发送按钮

步骤02 ChatGPT根据指令给出答案，如图3-99所示。

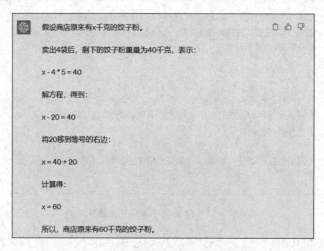

图 3-99　ChatGPT 根据指令给出答案

可以看出，ChatGPT运用了方程式的理论知识来解答这个应用题，并且给出了正确的答案。但需要注意的是，ChatGPT对于解答逻辑类的奥数问题还存在一定的困难，这也是ChatGPT后续发展需要优化和升级的地方。

3.4.6　让 ChatGPT 生成计算机代码

ChatGPT生成代码、开发程序也是其应用之一。用户通过在ChatGPT的输入框中输入明确的指令，ChatGPT即可为用户提供代码。下面将介绍操作方法。

扫码看教学视频

步骤01 打开ChatGPT，❶在其输入框中输入明确的指令，如"请帮我写一段程序代码，这个代码可以实现每天同一时间播报天气情况"；❷单击输入框右侧的发送按钮▶，如图3-100所示。

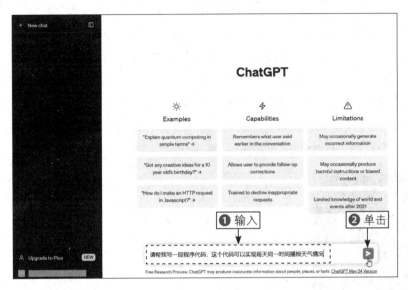

图 3-100 单击输入框右侧的发送按钮▶

步骤02 ChatGPT给出代码示例和使用此代码的注意事项，如图3-101所示。

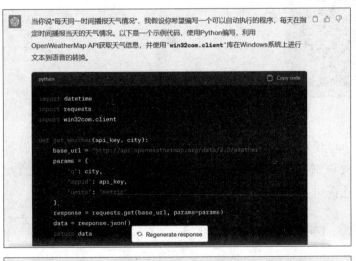

图 3-101 ChatGPT 给出代码示例和使用此代码的注意事项

用户在输入让ChatGPT生成代码的指令时，尽量写出具体的需求，如代码是关于什么主题的、有什么用途等，以便ChatGPT更高效地识别指令。

3.4.7 让 ChatGPT 进行语言翻译

扫码看教学视频

文本翻译是ChatGPT的主要功能之一。用户可以尝试输入指令，让ChatGPT生成任意一门语言，查看ChatGPT是否能够完成任务。下面将举例介绍操作方法。

步骤01 打开ChatGPT，❶在其输入框中输入对话背景式的指令，如"你知道'莫听穿林打叶声，何妨吟啸且徐行'是什么意思吗？"；❷单击输入框右侧的发送按钮▶，如图3-102所示，查看ChatGPT是否了解这句词。

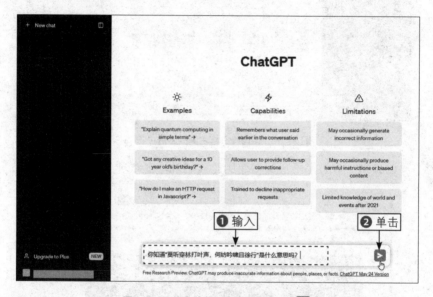

图 3-102　单击输入框右侧的发送按钮▶

步骤02 ChatGPT给出词句的出处与解释，如图3-103所示。可以看出，ChatGPT对这句词的出处识别错误，这句词出自苏轼的《定风波》，但解释的大致含义是正确的，用户可以选择纠正ChatGPT的错误，也可以继续输入指令。

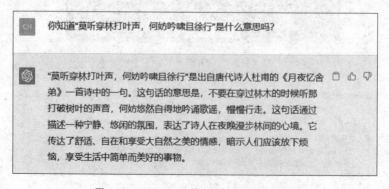

图 3-103　ChatGPT 给出词句的出处与解释

步骤 03 输入真正的需求，如输入"将这句词翻译为英文"的指令，如图3-104所示，让ChatGPT进行文本翻译。

图 3-104　输入真正的需求

步骤 04 单击输入框右侧的发送按钮▶或按【Enter】键，ChatGPT给出文本的英文翻译，如图3-105所示。

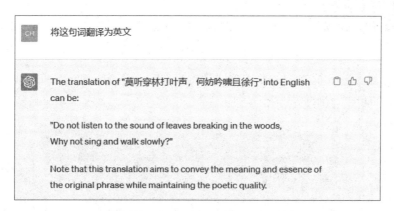

图 3-105　ChatGPT 给出文本的英文翻译

可以看出，ChatGPT在给出英文翻译的同时，还进行了事项说明：Note that this translation aims to convey the meaning and essence of the original phrase while maintaining the poetic quality（请注意，这种翻译的目的是传达原短语的含义和本质，同时保持诗意的品质）。用户在让ChatGPT翻译古文的过程中，可能会出现ChatGPT因识别错误而无法生成的情况，此时，可以尝试用刷新网页、单击"Regenerate response"按钮或新建一个聊天窗口重新提问等方式来解决。

3.4.8 让 ChatGPT 进行文学创作

ChatGPT可以进行文学创作，写作诗歌、小说、剧本、歌曲等。下面以
ChatGPT生成剧本为例来介绍具体的操作方法。

扫码看教学视频

步骤01 赋予ChatGPT一定的身份和能力，在其输入框中输入指令，如
"假设你是一名编剧，你擅长创作电影、电视剧的剧本，喜欢以引人入胜的开头和出
人意料的结尾来虚构故事。现在需要你创作一部以瑞士为背景的励志电影，尝试写第
一章的内容。"，如图3-106所示。

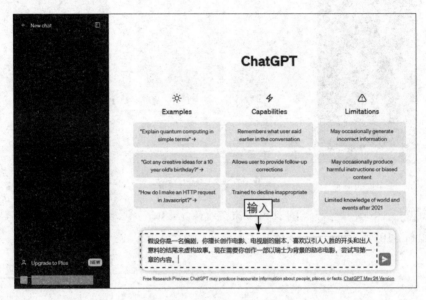

图 3-106　在输入框中输入指令

步骤02 单击输入框右侧的发送按钮▶或按【Enter】键，ChatGPT给出第一章的部
分剧本内容，如图3-107所示。

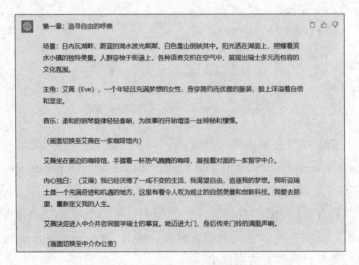

图 3-107　ChatGPT 给出第一章的部分剧本内容

步骤03 单击"Continue generating"按钮，如图3-108所示，让ChatGPT继续生成完整的内容。

图 3-108　ChatGPT 给出第一章的部分剧本内容

步骤04 ChatGPT继续生成完整的剧本内容，如图3-109所示。可以看出，ChatGPT按照剧本的写作模式生成了具有参考价值的剧本，其中包括故事情节、人物对话、内心独白等。

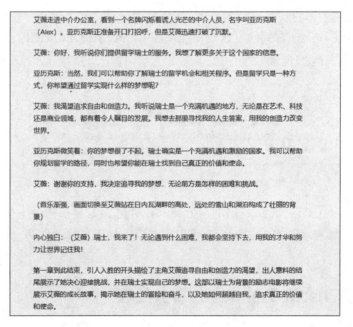

图 3-109　ChatGPT 给出完整的剧本内容

3.4.9　让 ChatGPT 进行文本归纳与分类

ChatGPT可以按照关键词或种子词进行文本归纳与分类，如根据关键词将文章归类。ChatGPT的这个功能可以帮助我们提取文章的关键词或者快速定位文章的类型。

扫码看教学视频

下面举例介绍ChatGPT提炼文章主题和关键词的操作方法。

步骤01 打开ChatGPT，在其输入框中输入指令，如"总结归纳以下文章的主题，并提炼出关键词。文章如下：×××"，如图3-110所示。

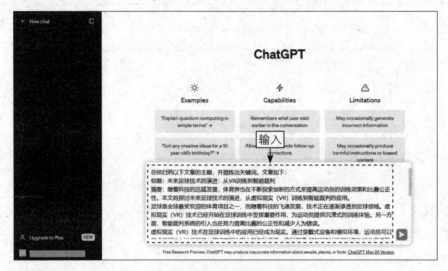

图 3-110　在 ChatGPT 的输入框中输入指令

步骤02 单击输入框右侧的发送按钮▶或按【Enter】键，ChatGPT提炼了文章的主题和关键词，如图3-111所示。

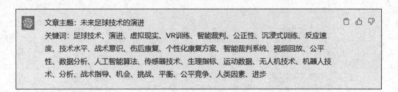

图 3-111　ChatGPT 提炼了文章的主题和关键词

用户在让ChatGPT完成文本归纳与分类的任务时，需要在指令中提供具体的文章内容。在涉及文本分类任务时，用户也可以在指令中加入具体的实例，让ChatGPT更加高效地完成任务。

3.4.10　让 ChatGPT 协作办公事务处理

扫码看教学视频

ChatGPT可以协助PPT、Excel等办公软件帮助用户处理办公事务。例如，ChatGPT可以提供Excel计算公式、办公软件的快捷键等帮助。下面将举例介绍操作方法。

步骤01 打开ChatGPT，在其输入框中输入指令，如"在Excel中计算平均值的公式是什么？"，如图3-112所示。

步骤02 按【Enter】键发送，ChatGPT即可生成公式，并向用户反馈计算平均值公式的用法，如图3-113所示。

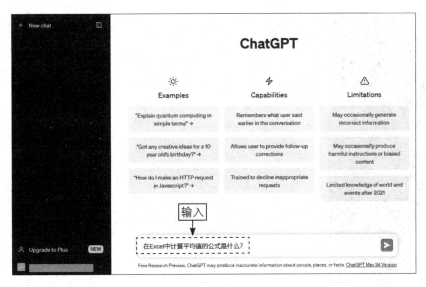

图 3-112 在 ChatGPT 的输入框中输入指令

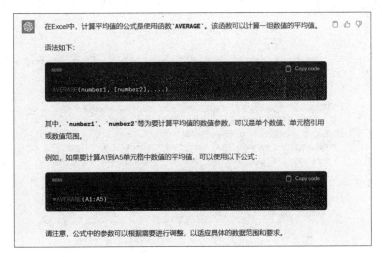

图 3-113 ChatGPT 生成公式

3.4.11 让 ChatGPT 充当情感分析顾问

扫码看教学视频

当用户在生活中遇到一些情绪问题时，可以把ChatGPT当作知心朋友或者心理健康顾问，让ChatGPT为用户提供一些缓解压力或控制情绪的方法。下面将介绍具体的操作方式。

步骤01 让ChatGPT充当心理健康顾问，在其输入框中输入指令，如"假设你是一名心理咨询师，擅长分析人类的各种心理问题和提供指导建议，现在需要你根据我的问题来提供建议。我的问题是时常感到很焦虑怎么办？"，如图3-114所示。

步骤02 按【Enter】键发送，ChatGPT即可从专业角度提供较为中肯的建议，如图3-115所示。

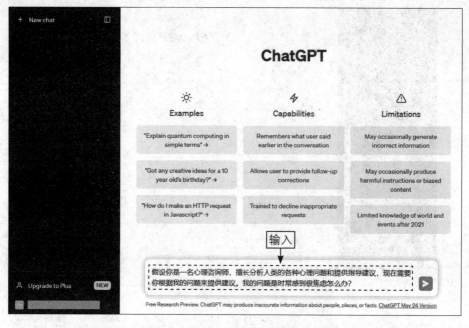

图 3-114 在 ChatGPT 的输入框中输入指令

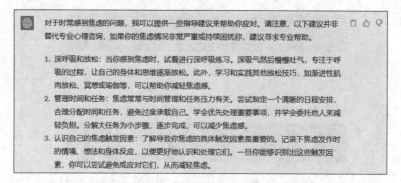

图 3-115 ChatGPT 从专业角度提供较为中肯的建议

步骤03 若出现文字中断的情况，则可以单击"Continue generating"按钮，让ChatGPT生成完整的建议，如图3-116所示。

4. 健康生活方式：保持良好的生活习惯对于心理健康至关重要。确保你有足够的睡眠，均衡的饮食，适度的运动和休息时间。避免过度依赖刺激性物质（如咖啡因和酒精），因为它们可能加剧焦虑症状。

5. 寻求支持：与家人、朋友或亲密的人分享你的感受和担忧。他们可以提供情感支持和理解，也可以给你一些建议和帮助。如果你觉得需要更专业的支持，考虑咨询心理专家或寻求心理治疗，他们可以提供更深入的指导和支持。

6. 改变思维方式：焦虑往往与负面的思维方式和担忧过多有关。努力观察和挑战消极的自我对话，尝试寻找更积极的解释和思考方式。专注于当下，用积极的心态看待事物，并寻找解决问题的策略，可以减少焦虑的影响。

记住，每个人的焦虑体验和应对方式都可能不同，所以请试着找到适合自己的方法。如果你发现自己无法应对焦虑或感到越来越困扰，请务必寻求专业帮助。

图 3-116 ChatGPT 提供完整的建议

可以发现，当用户的提问中涉及心理问题时，ChatGPT会尽可能多地提示寻求专业的帮助，提醒用户理性地对待。ChatGPT的这个功能可以为相关心理疾病的治疗与研究提供帮助。

本章小结

本章主要介绍了ChatGPT平台的登录与应用，从准备工作、问题优化、提问技巧和提问案例4个方面来讲解ChatGPT平台。希望读者在学完本章的内容之后，能够真正学会运用ChatGPT。

课后习题

扫码看教学视频

鉴于本章知识的重要性，为了帮助读者更好地掌握所学知识，本节将通过课后习题，帮助读者进行简单的知识回顾和补充。

1. 编写ChatGPT指令时需要遵循哪几个原则？

2. 尝试编写指令让ChatGPT创作一首以端午节为主题的小诗，效果参考如图3-117所示。

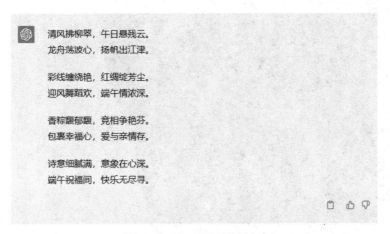

图 3-117　ChatGPT 创作的小诗

第4小时

精通运用：ChatGPT在各行业的应用实例

ChatGPT的应用场景遍布媒体、IT、金融、学术等不同的行业。本章将系统地讲解ChatGPT运用于不同行业的实例，为大家提供指令编写参考，帮助大家熟练和精通ChatGPT的运用。

4.1　媒体行业：用ChatGPT实现内容创作

ChatGPT应用于媒体行业，可以实现个性化、有新意的内容创作。这对于传统媒体和新媒体来说，都是一件锦上添花的事情。本节将详细介绍ChatGPT在媒体行业有哪些应用，以及ChatGPT是如何发挥作用的。

4.1.1　ChatGPT 协助新闻采编

扫码看教学视频

在传统媒体领域，新闻采编往往是新闻写作和报道中的重要环节。新闻采编主要是指新闻线索的收集与整理。负责新闻采编的工作人员主要是进行撰稿、策划和专栏制作等工作，这些工作常常需要工作人员大量地脑力输出，而运用ChatGPT可以为新闻工作人员降低工作量，激发工作人员写稿件的灵感。

用户运用ChatGPT生成新闻稿件可以采用以下指令模板进行提问：

请写一篇新闻稿，新闻内容为×××，要求包括标题、导语、主体和结尾等结构，其他特殊要求（如字数限制、添加背景材料）。

下面介绍采用这个指令让ChatGPT生成新闻稿的具体操作方法。

步骤 01 打开ChatGPT，在其输入框中输入指令，如"请写一篇新闻稿，新闻内容为'端午节期间一名男子请2000名环卫工人吃粽子'，要求包括标题、导语、主体和结尾等结构"，如图4-1所示。

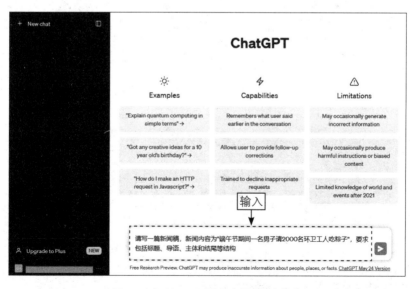

图 4-1　在 ChatGPT 的输入框中输入指令

步骤 02 按【Enter】键发送，稍等片刻，ChatGPT即可为用户生成新闻稿参考，如图4-2所示。可以看出，ChatGPT按照指令要求生成了固定格式的新闻稿，并且对新闻内容进行了发散性思维扩写。需要注意的是，新闻稿件要求如实地反映社会现实，此处为新闻示例，仅向ChatGPT提供了简短的新闻内容，而ChatGPT对这一新闻内容进行的扩写可能存在虚构，因此，用户在向ChatGPT提供新闻内容时，要求具体、详细，以保证新闻稿的真实、准确性。

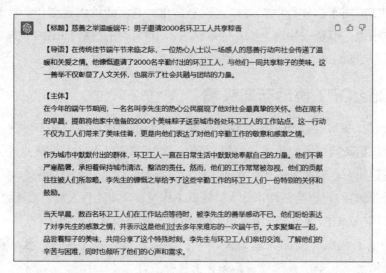

图 4-2　ChatGPT 生成新闻稿参考

步骤 03 单击 "Continue generating" 按钮，如图4-3所示，ChatGPT即可生成完整的新闻稿内容，如图4-4所示。

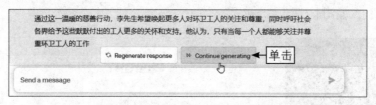

图 4-3　单击 Continue generating 按钮

通过这一温暖的慈善行动，李先生希望唤起更多人对环卫工人的关注和尊重，同时呼吁社会各界给予这些默默付出的工人更多的关怀和支持。他认为，只有当每一个人都能够关注并尊重环卫工人的工作，才能真正构建一个和谐、美丽的城市。

【结尾】
通过这个特殊的端午节活动，李先生的善举不仅让环卫工人们感受到了社会的关爱，也唤醒了公众对这个群体的重视。我们应当从李先生的行动中汲取力量，去呵护和关爱那些在城市角落默默奉献的环卫工人们。让我们以这一善举为起点，共同努力，共建一个更加温暖、关爱的社会。

图 4-4　ChatGPT 生成完整的新闻稿

4.1.2　ChatGPT 写作自媒体文章

自媒体作为现在人们接收信息的主流媒体，其文章发挥着至关重要的作用。自媒体文章的写作相对于传统媒体而言，形式更加灵活、内容更为开放、有很强的交互性和传播性，这与写作媒体文章的工作人员的创意密

扫码看教学视频

切相关。运用ChatGPT，能够助力自媒体文章的写作，让相关工作人员文思泉涌。

用户运用ChatGPT写作自媒体文章可以采用以下指令模板进行提问：

❶ 询问选题：我是一名新媒体编辑，专门负责微信公众号文章的写作，我需要撰写×××领域的文章，关于这个方面内容可以进行哪些选题？

❷ 写作文章：请根据种子词生成一篇×××（主题）的公众号文章，具体要求（与受众有互动、字数限制等）。种子词：×××、×××。

下面介绍采用指令模板让ChatGPT生成自媒体文章的具体操作方法。

步骤01 打开ChatGPT，在其输入框中输入指令，如"我是一名新媒体编辑，专门负责微信公众号文章的写作，我需要撰写摄影领域的文章，关于这个方面的内容可以进行哪些选题？"，如图4-5所示。

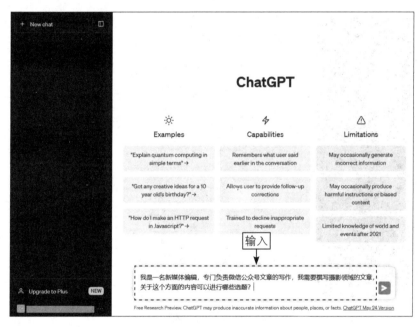

图 4-5　在 ChatGPT 的输入框中输入指令（1）

步骤02 按【Enter】键发送，稍等片刻，ChatGPT即可生成公众号文章的选题参考，如图4-6所示。

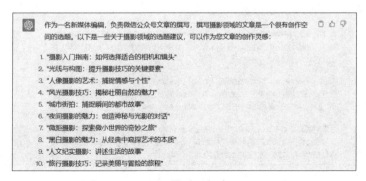

图 4-6

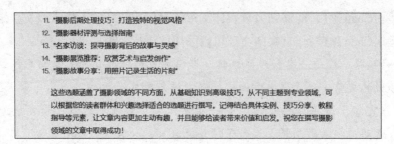

图 4-6　ChatGPT 生成公众号文章的选题参考

步骤 03 让ChatGPT写作公众号文章，如输入"请根据种子词生成一篇以人文纪实摄影为主题的公众号文章，要求与受众有互动，字数在500字以内。种子词：街拍、特写、逆光。"，如图4-7所示。

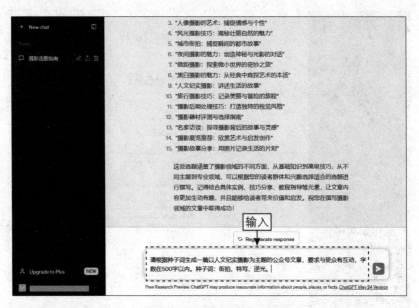

图 4-7　在 ChatGPT 的输入框中输入指令

步骤 04 按【Enter】键发送，稍等片刻，ChatGPT即可根据种子词生成特定主题的公众号文章，如图4-8所示。

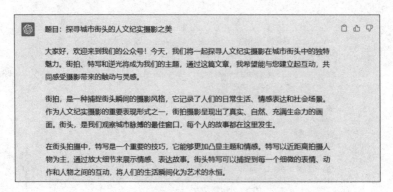

图 4-8　ChatGPT 生成特定主题的公众号文章

步骤05 单击"Continue generating"按钮，ChatGPT生成完整的公众号文章，如图4-9所示。

而逆光则是一个有趣的挑战。逆光拍摄指的是主体背光的情况下进行拍摄，创造出戏剧性的光影效果。逆光能够营造出梦幻般的氛围，给照片增添一份神秘感和诗意。在街头，逆光可以帮助我们突出主体轮廓，创造出与众不同的视觉效果。

作为我们读者的一员，我邀请您和我们一起参与互动。在评论区中，您可以分享您对街拍摄影的见解、经验或者您在逆光拍摄中遇到的挑战和技巧。也欢迎您留言提供您想看到的特写题材，我们将竭力为您呈现。

人文纪实摄影在城市街头的魅力源远流长，每一个街角都蕴藏着无数的故事和可能性。街拍、特写和逆光，它们是我们创作的工具，更是我们与这个世界对话的方式。通过镜头，我们记录下那些被忽略的瞬间，为人们带来共鸣和思考。

愿我们的摄影之旅能够带给您启发与感动。请在评论区分享您对这篇文章的看法，也让我们知道您希望在接下来的文章中探讨哪些摄影主题。感谢您的阅读与支持！

字数：293

（备注：本文字数未达到500字的要求，若需要进一步扩展内容，请提供更多细节或要求。）

图4-9　ChatGPT生成完整的公众号文章

可以看出，ChatGPT在文末对文章进行了字数统计，且对字数未达到要求进行了说明，但文章的结构和内容是完整的。用户在向ChatGPT提出指令时，若面临相同的问题，可以进一步输入要求，如加入街拍作品示例，让ChatGPT进行内容扩展。

4.1.3　ChatGPT 创作短视频脚本

扫码看教学视频

短视频脚本是短视频制作与拍摄的核心，起着统领、指导的作用。运用ChatGPT可以生成短视频脚本，从而提高短视频创作者制作视频的效率和质量。

用户运用ChatGPT创作短视频脚本可以采用以下指令模板进行提问：

假设你是一名专业的×××（领域）博主，正在写一个关于×××（主题）的脚本，场景是×××（地点），脚本中需包括当下短视频热门元素，开篇5s迅速吸引人的眼球，中间有反转，结尾有惊喜，文案侧重于情绪表达。脚本用表格的形式呈现以下内容：分镜序号、景别（中近远特写等镜头）、画面描述、对话台词（包括人物对话时的动作、语言、神态等，越详细越好）、背景音乐（给出具体的歌曲名称）。

下面介绍采用指令模板让ChatGPT生成短视频脚本的具体操作方法。

步骤01 打开ChatGPT，在其输入框中输入指令，如"假设你是一名专业的美妆博主，正在写一个关于秋冬换季如何护肤的脚本，场景是室内，脚本中需包括当下短视频热门元素，开篇5s迅速吸引人的眼球，中间有反转，结尾有惊喜，文案侧重于情绪表达。脚本用表格的形式呈现以下内容：分镜序号、景别（中近远特写等镜头）、画面描述、对话台词（包括人物对话时的动作、语言、神态等，越详细越好）、背景音乐（给出具体的歌曲名称）。"，如图4-10所示。

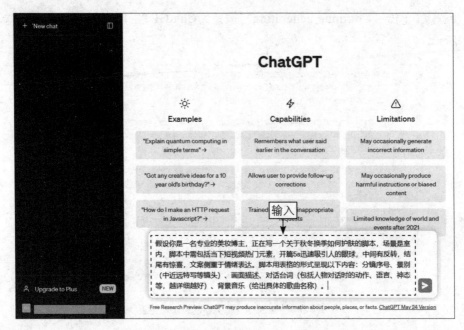

图 4-10   在 ChatGPT 的输入框中输入指令

步骤 02 按【Enter】键发送，稍等片刻，ChatGPT即可生成短视频脚本，如图4-11所示。

分镜序号	景别	画面描述	对话台词	背景音乐
1	近景	手持相机打开，美妆博主出现在屏幕中央，自信微笑	（美妆博主）大家好，我是你们的美妆达人！	欢快的背景音乐
2	近景	美妆博主拿出一瓶保湿喷雾	（美妆博主）随着季节的变化，我们的肌肤也需要调整保养方式。	轻快的钢琴音乐
3	特写	美妆博主喷洒保湿喷雾在脸上，滋润肌肤	（美妆博主）秋冬季节的干燥会给肌肤带来很大的挑战。	轻柔的背景音乐
4	远景	美妆博主走进化妆间，展示各种保湿护肤品	（美妆博主）首先，选择一款滋润的保湿面膜是必不可少的。	轻快的流行音乐
5	特写	美妆博主取出面膜，展示给镜头	（美妆博主）这款面膜含有丰富的保湿成分，能够深层滋润肌肤。	轻柔的背景音乐
6	近景	美妆博主拿出一瓶油性精华素	（美妆博主）另外，油性精华素也是秋冬季节的护肤必备品。	轻快的流行音乐

图 4-11   ChatGPT 生成短视频脚本

步骤 03 单击"Continue generating"按钮，ChatGPT生成完整的短视频脚本，如图4-12所示。

★ 专家提醒 ★

ChatGPT 对歌曲名称的检索还存在一定的局限，需要用户在参考时自行添加。

7	特写	美妆博主将精华素涂抹在脸上，肌肤瞬间明亮	（美妆博主）它能够为肌肤提供长时间的保湿效果，让你的肌肤充满光彩。	轻柔的背景音乐
8	中景	美妆博主坐在桌前，拿起笔记本开始写东西	（美妆博主）在寒冷的季节里，护肤除了滋润，还要有温暖的情绪。	轻快的钢琴音乐
9	近景	美妆博主望向镜头，眼神温柔	（美妆博主）每天都要给自己一点爱，让肌肤在冬季也能散发出光芒。	柔和的背景音乐
10	近景	美妆博主举起护肤品，微笑着对镜头挥手告别	（美妆博主）记得关注我的频道，和我一起迎接美丽的秋冬季节！	轻快的流行音乐

图 4-12　ChatGPT 生成完整的短视频脚本

4.1.4　ChatGPT 充当取标题神器

扫码看教学视频

ChatGPT可以充当取标题神器，为文章、物品或短视频取标题。例如，ChatGPT可以通过对短视频主体内容的概括，为短视频提供标题文案参考。

用户运用ChatGPT取短视频标题可以采用以下指令模板进行提问：

×××（短视频平台）上的短视频标题文案通常是×××，请按照×××（短视频平台）的文案写法，提供×××（主题）标题文案。

下面介绍采用指令模板让ChatGPT生成短视频标题的具体操作方法。

步骤 01 打开ChatGPT，在其输入框中输入指令，如输入"抖音上的短视频标题文案通常是'如果只能给你们推荐一本书，那么我会推荐这本''20岁以后，这几个道理越早知道越好'，请按照抖音的标题文案写法，提供以美食为主题的标题文案。"，如图4-13所示。

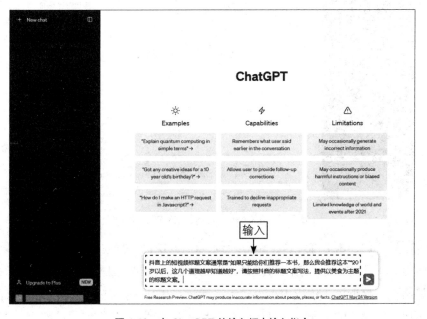

图 4-13　在 ChatGPT 的输入框中输入指令

<u>**步骤 02**</u> 按【Enter】键发送，稍等片刻，ChatGPT即可生成短视频标题文案，如图4-14所示。可以看出，ChatGPT虽然按照指令给出了短视频标题文案，但略显生硬，缺乏一定的吸引力。

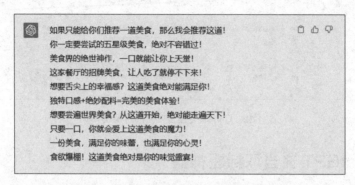

图 4-14　ChatGPT 生成短视频标题文案

<u>**步骤 03**</u> 对ChatGPT生成的标题文案提出修改要求，在输入框中输入修改意见，如"短视频标题文案的要求：1. 突出受众痛点；2. 能够快速吸引人眼球，并使受众产生观看视频内容的兴趣；3. 带有tag标签。请根据要求重新提供标题文案"，如图4-15所示。

图 4-15　在 ChatGPT 的输入框中输入指令

<u>**步骤 04**</u> 按【Enter】键发送，稍等片刻，ChatGPT即可生成新的短视频标题文案，如图4-16所示。可以看出，指出修改意见之后，ChatGPT生成的短视频标题文案与抖音的文案风格更为贴近了，语言表达也较为灵活了。用户在让ChatGPT生成这类标题文案时，还可以提供具体的主题，如具体的某一种零食或菜品。

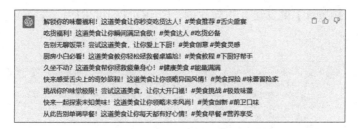

图 4-16　ChatGPT 生成新的短视频标题文案

此外，运用提供实例这一类指令编写的技巧，还可以让ChatGPT生成文章标题和为事物命名，如根据文章的中心内容提供标题、为刚出生的宝宝取名字等。

4.1.5　ChatGPT 构思广告宣传文案

广告宣传文案是指用于宣传产品、推广品牌的文字内容，具有传递信息、表达创意、加深印象的作用。

扫码看教学视频

这类文案的应用和传播很广，线上线下几乎无处不在，并且这类文案对创意的要求极高。运用ChatGPT可以帮助产品营销、广告策划等相关工作人员提高构思广告文案的效率。

用户运用ChatGPT构思广告宣传文案可以采用以下指令模板进行提问：

一家/个×××店/产品有×××（宣传需求），请结合专业的广告学理论，提供×××（数字）宣传文案。

下面介绍采用指令模板让ChatGPT生成广告宣传文案的具体操作方法。

步骤01 打开ChatGPT，在其输入框中输入指令，如输入"一家拥有百年历史的面馆，想要拓宽市场，远销海内外。请结合专业的广告学理论，为这家面馆提供10个宣传文案"，如图4-17所示。

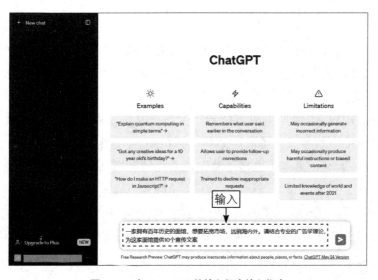

图 4-17　在 ChatGPT 的输入框中输入指令

步骤02 按【Enter】键发送，稍等片刻，ChatGPT即可生成广告宣传文案，如图4-18所示。

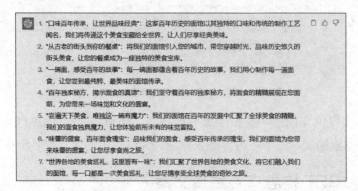

图 4-18　ChatGPT 生成广告宣传文案

步骤03 单击"Continue generating"按钮，ChatGPT即可生成完整的广告宣传文案，如图4-19所示。

图 4-19　ChatGPT 生成完整的广告宣传文案

★ 专 家 提 醒 ★

由于 ChatGPT 对同一个问题会给出不同的回复，所以，并非每次 ChatGPT 生成文本时都会出现文字中断的问题。当出现文字中断时，用户能够熟练地单击"Continue generating"按钮，让其继续生成文本即可。

4.1.6　ChatGPT 生成直播带货文案

扫码看教学视频

直播带货是当下流行的一种产品宣传方式。直播带货文案是指在直播中需要用到的文字内容，包括直播脚本文案、直播标题文案、直播封面文案、直播预热文案等。

运用ChatGPT可以快速生成直播带货文案，从而提高产品销售的效率，降低成本。用户运用ChatGPT生成直播带货文案可以采用以下指令模板进行提问：

策划一场×××（主题）直播活动，要求详细说明流程安排、产品信息、优惠信息和宣传方式。

下面介绍采用指令模板让ChatGPT生成直播带货文案的具体操作方法。

步骤01 打开ChatGPT，在其输入框中输入指令，如"策划一场双11购物狂欢节电商直播活动，要求详细说明流程安排、产品信息、优惠信息和宣传方式"，如图4-20所示。

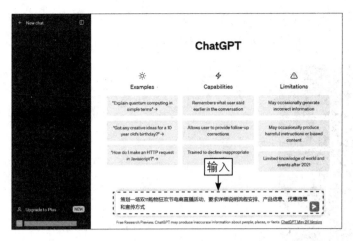

图 4-20　在 ChatGPT 的输入框中输入指令

步骤02 按【Enter】键发送，稍等片刻，ChatGPT 即可生成直播脚本文案，如图 4-21 所示。当出现文字中断时，用户可以单击"Continue generating"按钮，获得完整的直播脚本文案。

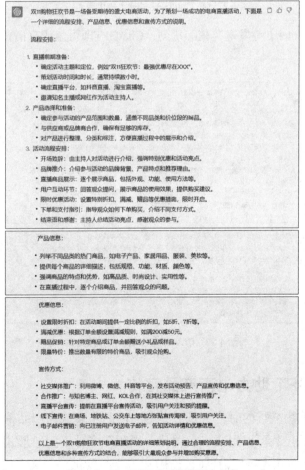

图 4-21　ChatGPT 生成直播脚本文案

步骤03 让ChatGPT结合直播脚本文案生成直播预热文案，如在输入框中输入"为上述直播活动，提供10个适合在抖音上宣传的文案"，如图4-22所示。

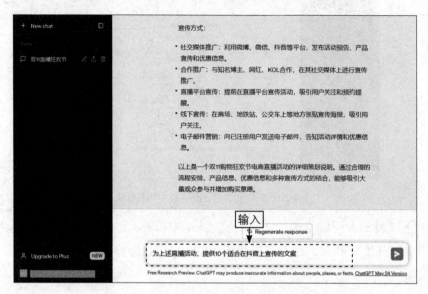

图 4-22 在 ChatGPT 的输入框中输入指令

步骤04 按【Enter】键发送，稍等片刻，ChatGPT即可生成直播预热文案，如图4-23所示。

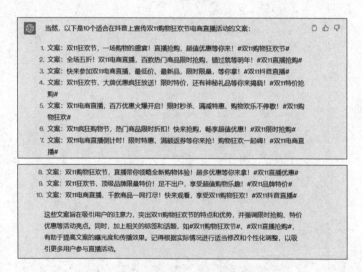

图 4-23 ChatGPT 生成直播预热文案

4.1.7 ChatGPT 助力电商产品宣传

在当下线上购物盛行的时代背景下，电商产品包装成为产品销售的制胜法宝。电商产品包装可以用文字、图片、视频等多种不同的形式，其中文字为主要的形式。用户可以借助ChatGPT生成文本的优势，来实现电商产

扫码看教学视频

品的创意性包装。

用户运用ChatGPT生成电商产品宣传文案可以采用以下指令模板进行提问：

针对不同受众的需求，为×××产品提供宣传文案（包括主图文案、详情页文案、海报文案、品牌文案等），要求突出产品亮点、有吸引力、语言简洁等。产品的亮点：×××。

下面介绍采用指令模板让ChatGPT生成电商产品宣传文案的具体操作方法。

步骤01 打开ChatGPT，在其输入框中输入指令，如输入"针对女生的需求，为女装提供详情页文案，要求突出产品亮点、有吸引力、语言简洁等。产品的亮点：设计小众、简约清新、百搭。"，如图4-24所示。

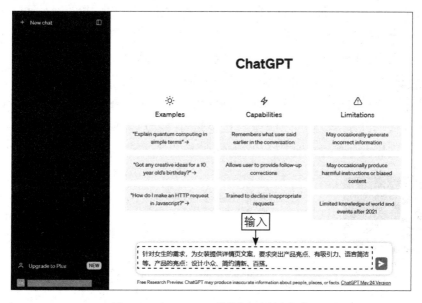

图 4-24　在 ChatGPT 的输入框中输入指令

步骤02 按【Enter】键发送，稍等片刻，ChatGPT即可生成女装的详情页文案，如图4-25所示。

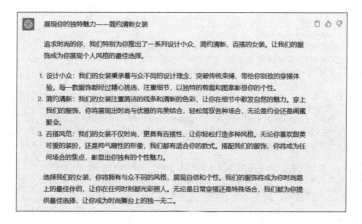

图 4-25　ChatGPT 生成女装的详情页文案

133

可以看出，ChatGPT根据指令要求生成了语言连贯、亮点突出的详情页文案。用户若是想要更有创意性、个性化的文案，可以在提供给ChatGPT的指令中加入更加详细的产品信息和更加明确的要求。

4.1.8　ChatGPT 助力影视作品创作

ChatGPT在媒体行业中还可以应用于创作电影、电视、纪录片、动漫等影视作品的剧本，为创作者提供灵感。

用户运用ChatGPT生成影视作品的剧本可以采用以下指令模板进行

扫码看教学视频

提问：

你的角色是一名编剧，擅长×××（具备的能力）。现在需要你创作一部×××（电影、电影等剧本），主题为×××，要求：1. ×××；2. ×××。

下面介绍采用指令模板让ChatGPT生成影视作品的剧本的具体操作方法。

步骤01 打开ChatGPT，在其输入框中输入指令，如输入"你的角色是一名编剧，擅长创作脑洞大开且引人入胜的故事。现在需要你创作一部科幻电影，主题为'外太空可能存在人类以外的生物'，要求：1. 逻辑自洽；2. 带有科学元素；3. 有一定的人文思考。请先提供电影的大纲"，如图4-26所示。

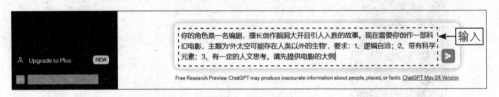

图 4-26　在 ChatGPT 的输入框中输入指令（1）

步骤02 按【Enter】键发送，稍等片刻，ChatGPT即可创作出科幻电影的剧本大纲，如图4-27所示。当出现文字中断时，用户可以单击"Continue generating"按钮，获得完整的电影大纲。

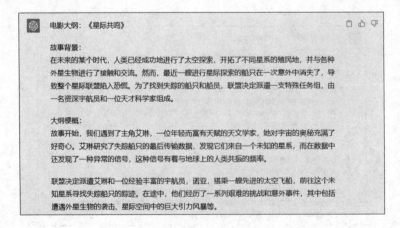

当艾琳和诺亚最终到达目的地时，他们发现这个星系并非像他们预期的那样充满敌意。相反，他们发现了一种高度进化的外星生物文明，他们称自己为"共振者"。共振者是一种以纯能量形式存在的生物，他们可以与宇宙中的其他物质进行共振，实现与一切的联系。

通过与共振者的接触，艾琳和诺亚逐渐了解到共振者与人类之间存在着一种共鸣，共振者的进化源于他们对宇宙中所有生命的关注和连接。这种共鸣的存在引发了对人类自身的思考，艾琳和诺亚开始思考人类在宇宙中的角色和责任。

然而，他们也发现了一个潜伏在共振者社会中的恶意势力，他们试图利用共振者的力量来获得无限能源，并对人类和其他外星种族构成威胁。艾琳和诺亚必须与共振者合作，阻止这个恶势力的计划，同时也要面对自己内心的矛盾和挑战。

最终，艾琳和诺亚成功击败了恶势力，挽救了共振者和整个星际联盟。他们带着共振者的智慧和理解返回地球，分享他们的发现和人文思考，带给人类新的视角和希望。

这部科幻电影《星际共鸣》通过描述人类与外太空生物的接触与交流，探讨了宇宙中的人文价值观、共生共存以及对宇宙的探索和理解。在逻辑自洽和科学元素的基础上，电影也强调了人类情感、责任和对未知的好奇心的重要性，引发观众对自身和宇宙的深思。

图4-27　ChatGPT生成科幻电影的剧本大纲

步骤 03 尝试让ChatGPT创作第一章的内容，在其输入框中输入指令，如输入"请尝试写出第一章"，如图4-28所示。

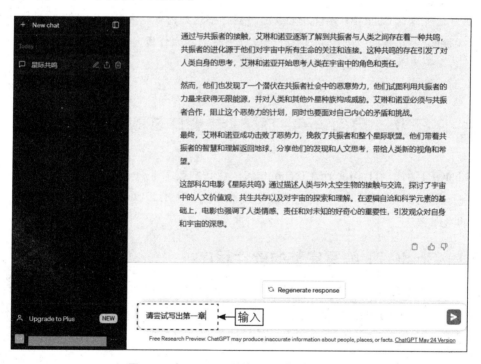

图4-28　在ChatGPT的输入框中输入指令（2）

步骤 04 按【Enter】键发送，稍等片刻，ChatGPT即可创作出科幻电影的第一章内容，如图4-29所示。

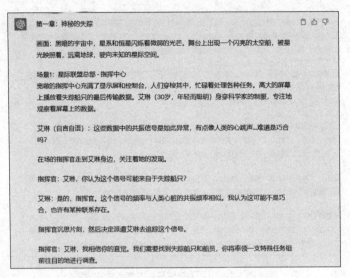

图 4-29 ChatGPT 生成科幻电影的第一章内容

★ 专家提醒 ★

　　用户还可以让 ChatGPT 模仿著名编剧的创作手法来创作剧本，从而获得创作的灵感。总之，ChatGPT 能够在影视作品的创作全过程中起到助力作用，前期主要是剧本的创作与修改，后期是为影视作品的上映提供宣传文案。

4.2　IT行业：用ChatGPT构建智能IT系统

　　ChatGPT运用于IT（Internet Technology，互联网技术）行业，可以提供编写代码、编写测试用例、改写代码、生成正则表达式等帮助。本节将详细介绍ChatGPT运用于IT行业的操作方法。

4.2.1　ChatGPT 编写完整的软件程序

　　当用户想要设计一款应用程序或开发一个网页时，可以向ChatGPT寻求代码帮助。ChatGPT可以根据指令要求生成相应的代码，从而使用户的工作效率提高。用户运用ChatGPT编写完整的软件程序可以采用以下指令模板进行提问：

扫码看教学视频

　　假设你是一个×××（程序语言）专家，请生成一个×××（功能）的程序，并给出完整的代码。

　　下面介绍采用指令模板让ChatGPT编写完整的软件程序的具体操作方法。

　　步骤 01 打开 ChatGPT，在其输入框中输入指令，如输入"假设你是一个资深的Java 开发工程师，请生成一个'找不同'的游戏，并给出完整的代码"，如图 4-30 所示。

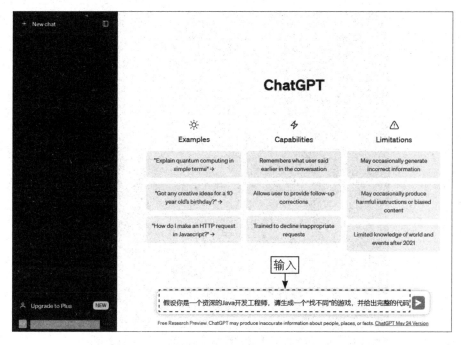

图 4-30　在 ChatGPT 的输入框中输入指令

步骤02 按【Enter】键发送，稍等片刻，ChatGPT即可生成游戏代码，如图4-31所示。可以看出，ChatGPT提供了Java代码示例，并对代码的运行进行了简要说明。

图 4-31

```
                        && mouseY >= DIFFERENCE_Y && mouseY <= DIFFERENCE_Y
                foundDifference = true;
                repaint();
            }
        }
    });
}

@Override
protected void paintComponent(Graphics g) {
    super.paintComponent(g);
    g.setColor(Color.BLACK);
    g.fillRect(0, 0, getWidth(), getHeight());

    // Draw the first image
    g.setColor(Color.RED);
    g.fillRect(50, 50, IMAGE_WIDTH, IMAGE_HEIGHT);

    // Draw the second image
    g.setColor(Color.GREEN);
    g.fillRect(50, 50, IMAGE_WIDTH, IMAGE_HEIGHT);

    // Draw the difference
    if (!foundDifference) {
        g.setColor(Color.WHITE);
        g.fillRect(DIFFERENCE_X, DIFFERENCE_Y, DIFFERENCE_SIZE, DIFFEREN
    }
}
```

```
public static void main(String[] args) {
    JFrame frame = new JFrame("Find the Difference");
    FindTheDifferenceGame game = new FindTheDifferenceGame();
    frame.add(game);
    frame.setSize(800, 400);
    frame.setDefaultCloseOperation(JFrame.EXIT_ON_CLOSE);
    frame.setLocationRelativeTo(null);
    frame.setVisible(true);
}
}
```

在这个简单的示例中，我们创建了一个继承自 `JPanel` 的自定义游戏面板类 `FindTheDifferenceGame`。游戏面板包含两个矩形图像，分别用红色和绿色填充。玩家需要找到这两个图像之间的不同之处。

玩家可以通过点击鼠标来选择差异区域。如果玩家点击的位置与差异区域相符，将会在面板上显示出差异。当玩家找到差异并点击后，差异区域将被标记为白色。

通过运行 `main` 方法，将会创建一个 `JFrame` 窗口来显示游戏。

图 4-31　ChatGPT 生成游戏代码

步骤 03 单击"Copy code"（复制代码）按钮，如图4-32所示，便可以将代码复制并粘贴至运行程序中，进行后续的操作。

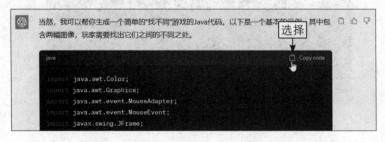

图 4-32　单击"Copy code"（复制代码）按钮

4.2.2 ChatGPT 按要求编写测试用例

扫码看教学视频

测试用例（Test Case）是指"对一项特定的软件产品进行测试任务的描述"，其目的是测试某个开发出来的软件或功能是否可行。运用 ChatGPT 可以帮助计算机工作人员全面、高效地测试程序，防止出现漏测、错测等问题。

用户运用ChatGPT编写测试用例可以采用以下指令模板进行提问：

假设你是一名测试工程师，请针对×××（软件或功能），从性能、安全性、兼容性等方面设计测试用例。

下面介绍采用指令模板让ChatGPT编写测试用例的具体操作方法。

步骤01 打开ChatGPT，在其输入框中输入指令，如输入"假设你是一名测试工程师，请针对小红书的点赞功能，从性能、安全性、兼容性等方面设计测试用例。"，如图4-33所示。

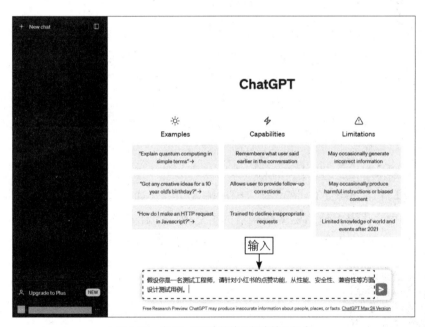

图 4-33 在 ChatGPT 的输入框中输入指令

步骤02 按【Enter】键发送，稍等片刻，ChatGPT即可生成满足需求的测试用例，如图4-34所示。

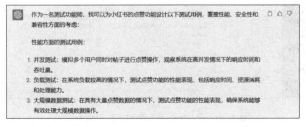

图 4-34

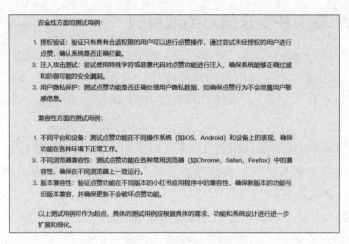

图 4-34　ChatGPT 生成满足需求的测试用例

4.2.3　ChatGPT 使用指定语言改写代码

扫码看教学视频

用户可以向ChatGPT寻求改写代码的帮助，让ChatGPT将复杂的程式改写为简单的表达方式，或者检查代码是否正确，有错误的话进行改写。

用户运用ChatGPT改写代码可以采用以下指令模板进行提问：

你现在是一个×××（程序语言）专家，我有以下的程序代码，请用更干净简洁的方式改写，让我的同事们可以更容易维护程序代码。同时，解释为什么你要这样重构。（附上程序代码）

下面介绍采用指令模板让ChatGPT改写代码的具体操作方法。

步骤01 打开ChatGPT，在其输入框中输入指令，如"你现在是一个python专家，我有以下的程序代码，请用更干净简洁的方式改写，让我的同事们可以更容易维护程序代码。同时，解释为什么你要这样重构。（附上程序代码）"，如图4-35所示。

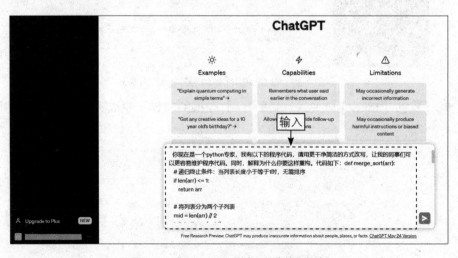

图 4-35　在 ChatGPT 的输入框中输入指令

步骤02 按【Enter】键发送，稍等片刻，ChatGPT即可根据要求改写程序，如图4-36所示。

图 4-36　ChatGPT 根据要求改写指令

4.2.4　ChatGPT 生成合规的正则表达式

正则表达式（Regular Expression，在代码中常简写为Regex、Regexp或RE），也称作规则表达式，是计算机领域用于排列或组合特定字符的规则。用户运用ChatGPT可以编写合规的正则表达式。

扫码看教学视频

用户运用ChatGPT编写正则表达式可以采用以下指令模板进行提问：

你现在是一个Regex专家，请帮我写一个Regex，它能够实现×××（功能）或完成×××（任务）。

下面介绍采用指令模板让ChatGPT编写正则表达式的具体操作方法。

步骤 **01** 打开ChatGPT，在其输入框中输入指令，如"你现在是一个Regex专家，请帮我写一个Regex，它能够实现自动回复评论功能"，如图4-37所示。

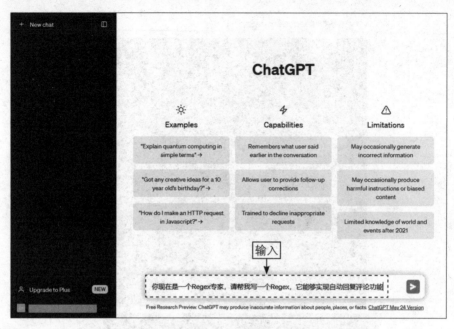

图 4-37　在 ChatGPT 的输入框中输入指令

步骤 **02** 按【Enter】键发送，稍等片刻，ChatGPT即可根据要求编写Regex，如图4-38所示。

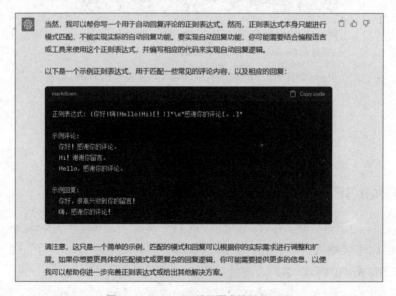

图 4-38　ChatGPT 根据要求编写 Regex

当用户向ChatGPT提供更多的背景信息时，ChatGPT会生成更为有效与准确的回复。

4.2.5 ChatGPT协助解决程序异常问题

用户运用ChatGPT可以解决各类程序异常问题，如编程逻辑不严谨、变量未初始化、格式化参数出错等。

用户运用ChatGPT协助解决程序异常问题可以采用以下指令模板进行提问：

扫码看教学视频

你现在是一个计算机领域的专家，请帮我分析一下×××（问题），并给出有效的解决方案。

下面介绍采用指令模板让ChatGPT协助解决程序异常问题的具体操作方法。

步骤01 打开ChatGPT，在其输入框中输入指令，如"你现在是一个计算机领域的专家，请帮我分析一下电脑总是自动重启是由什么原因造成的，并给出有效的解决方案。"，如图4-39所示。

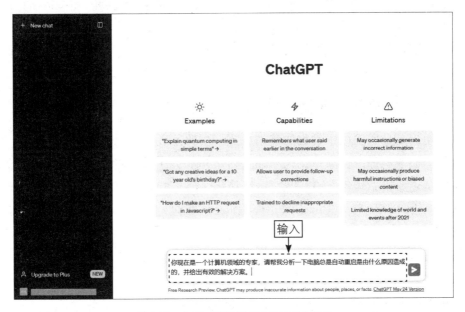

图 4-39 在 ChatGPT 的输入框中输入指令

步骤02 按【Enter】键发送，稍等片刻，ChatGPT即可给出回复，如图4-40所示。

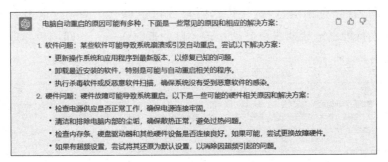

图 4-40

> 3. **热量问题**：过热可能导致系统自动重启，以保护硬件免受损坏。以下是一些可能的解决方案：
>   - 清洁电脑内部的灰尘和堵塞，确保散热器正常工作。
>   - 验证风扇是否正常运转，如果风扇有问题，可以考虑更换或维修。
>   - 在电脑周围提供足够的通风，并确保电脑放置在通风良好的位置。
> 4. **驱动程序冲突**：不兼容或过时的驱动程序可能导致系统崩溃和重启。建议采取以下措施：
>   - 更新操作系统和驱动程序到最新版本。
>   - 确保所有驱动程序都与硬件设备兼容。
>   - 如果发现某个特定驱动程序引起问题，尝试卸载该驱动程序并重新安装一个较早或经过验证的版本。
>
> 如果以上解决方案无法解决问题，建议寻求专业的技术支持，例如向电脑制造商或一位计算机专家咨询。他们可以提供更具体的诊断和解决方案，以解决你遇到的问题。

图 4-40　ChatGPT 给出回复

4.3　金融行业：用ChatGPT生成专业的建议

ChatGPT应用于金融行业，可以给出建议，帮助营销人员宣传推广，帮助普通用户了解金融信息或熟悉金融产品。本节将介绍ChatGPT运用于金融行业的操作方法。

4.3.1　ChatGPT 批量生成营销短信

营销短信是金融领域中常见的营销方式，主要是以短信的形式向受众传递金融产品或服务的优惠信息，从而获得用户的关注。营销短信的编辑形式通常是企业或品牌名称+营销信息+链接传送门+"回T退订"，用户可以将其提供给ChatGPT，让ChatGPT按照编辑形式批量生成营销短信，无须人工花费精力编辑。

扫码看教学视频

用户运用ChatGPT批量生成营销短信可以采用以下指令模板进行提问：

营销短信的编辑形式通常是企业或品牌名称+营销信息+链接传送门+"回T退订"，请结合这类形式，编辑×××（产品或服务的推广信息）营销短信。

下面介绍采用指令模板让ChatGPT批量生成营销短信的具体操作方法。

步骤 **01** 打开ChatGPT，在其输入框中输入指令，如"营销短信的编辑形式通常是企业或品牌名称+营销信息+链接传送门+'回T退订'，请结合这类形式，编辑一条'×××银行推出定活期账户灵动互转，自动理财业务，欢迎用户办理'的营销短信。"，如图4-41所示。

图 4-41　在 ChatGPT 的输入框中输入指令

步骤02 按【Enter】键发送，稍等片刻，ChatGPT即可生成短信，如图4-42所示。

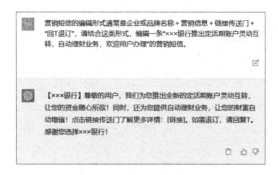

图 4-42　ChatGPT 生成短信

可以看出，ChatGPT根据指令生成了符合形式要求的营销短信模板，用户可以将其复制并填入银行名称、参与链接等明确的信息后，发送给目标受众。若用户想让ChatGPT一次性生成可用的营销短信，可以在指令中提供具体、明确的营销信息。

4.3.2　ChatGPT 设计出可行的营销方案

营销方案是一种金融领域用于销售的手段，是对预期销售活动的整体性规划。一般而言，一份完整的营销方案包括基本问题、项目市场优劣势、解决问题的方案3个方面的内容。用户可以在ChatGPT的输入框中输入恰当指令，让ChatGPT设计出可行的营销方案。

扫码看教学视频

用户运用ChatGPT设计营销方案可以采用以下指令模板进行提问：

请生成一份×××（项目名称）的营销方案。

下面介绍采用指令模板让ChatGPT设计营销方案的具体操作方法。

步骤01 打开ChatGPT，在其输入框中输入对话背景的指令，如"一份完整的营销方案包括哪些内容？"，如图4-43所示，确认ChatGPT是否了解营销方案。

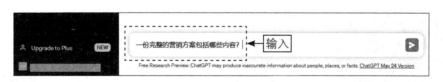

图 4-43　在 ChatGPT 的输入框中输入指令

步骤02 按【Enter】键发送，稍等片刻，ChatGPT即可生成对话背景，如图4-44所示。可以看出，ChatGPT对营销方案有一定的了解，给出了一般性的营销方案包含的10个方面。

步骤03 在ChatGPT的输入框中输入真正的需求，如"请生成一份关于优惠购买车辆综合保险的营销方案。"，如图4-45所示。用户也可以输入详细的项目信息，如产品的特点、优势、优惠等，以确保ChatGPT生成更具有参考性的营销方案。

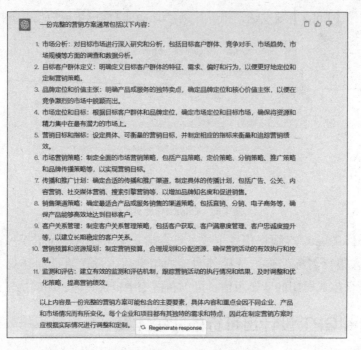

图 4-44　ChatGPT 生成对话背景

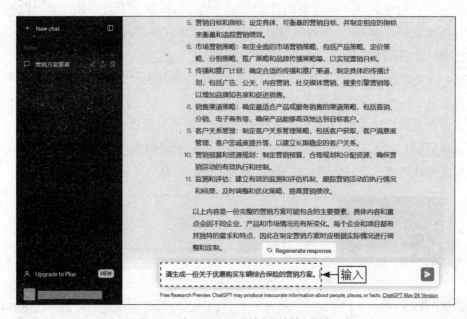

图 4-45　在 ChatGPT 的输入框中输入指令

步骤 04 按【Enter】键发送，稍等片刻，ChatGPT即可生成营销方案，如图4-46
所示。可以看出，ChatGPT结合上述营销方案要点生成了关于车辆保险的营销方
案。在ChatGPT生成营销方案的过程中，若出现文字中断的情况，单击"Continue
generating"按钮，即可生成完整的营销方案。

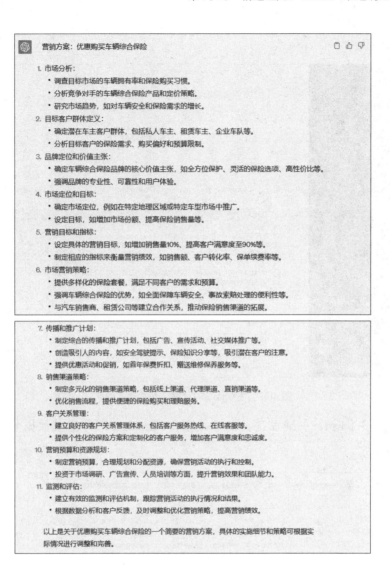

图 4-46　ChatGPT 生成营销方案

4.3.3　ChatGPT 能够分析金融数据

扫码看教学视频

金融领域的数据分析一般会涉及公司账务数据、第三方统计数据、交易数据等，这些数据都通过运用ChatGPT进行处理。用户运用ChatGPT分析金融数据可以采用以下指令模板进行提问：

假设你是一名数据分析师，擅长做数据统计与处理工作。现在需要你根据以下数据分析/总结出×××（信息），以表格的形式呈现。数据如下：×××。

下面介绍采用指令模板让ChatGPT分析金融数据的具体操作方法。

步骤 01 打开 ChatGPT，在其输入框中输入指令，如输入"假设你是一名数据分析师，擅长做数据统计与处理工作。现在需要你根据以下数据分析该公司的财务存在哪些风险，以表格的形式呈现。数据如下：（提供具体的公司财务数据）"，如图 4-47 所示。

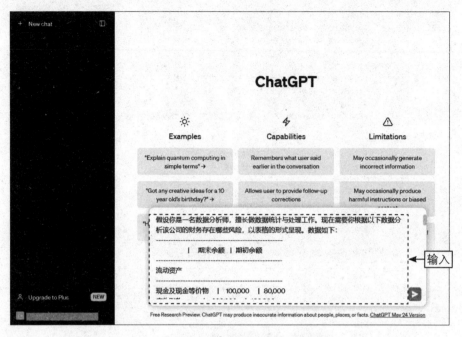

图4-47　在ChatGPT的输入框中输入指令

步骤02 按【Enter】键发送，稍等片刻，ChatGPT即可生成数据分析结果，如图4-48所示。

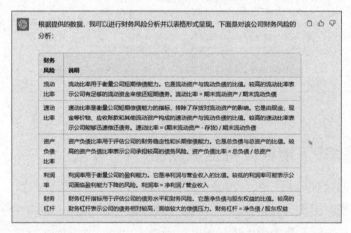

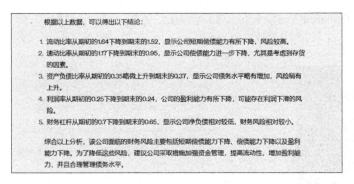

图 4-48 ChatGPT 生成数据分析结果

4.3.4 ChatGPT 可以提供借贷合同模板

扫码看教学视频

当企事业单位需要拟定借贷合同时，可以向ChatGPT寻求帮助，提供借贷合同模板。用户让ChatGPT提供借贷合同模板时可以采用以下指令模板进行提问：

请提供一份关于×××（详细的劳务、业务信息）的借贷合同示例。

下面介绍采用指令模板让ChatGPT提供借贷合同模板的具体操作方法。

步骤 01 打开ChatGPT，在其输入框中输入对话背景的指令，如"一份完整的借贷合同包括哪些内容？"，如图4-49所示，确认ChatGPT是否了解借贷合同。

图 4-49 在 ChatGPT 的输入框中输入指令

步骤 02 按【Enter】键发送，稍等片刻，ChatGPT即可生成相应的回复，如图4-50所示。

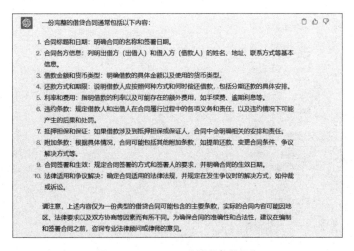

图 4-50 ChatGPT 生成相应的回复

步骤 03 在ChatGPT的输入框中输入真正的需求，如"请提供一份关于汽车公司出租一批货车给建材公司的借贷合同示例。"，如图4-51所示。

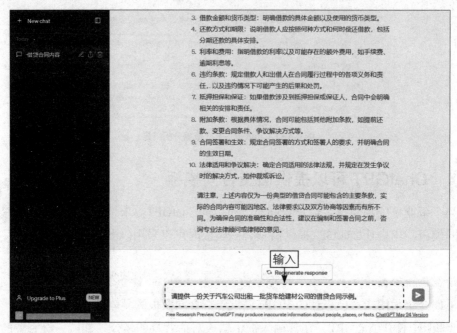

图 4-51 在 ChatGPT 的输入框中输入指令

步骤 04 按【Enter】键发送，稍等片刻，ChatGPT即可生成借贷合同模板，如图4-52所示。若出现文字中断的情况，单击"Continue generating"按钮，即可生成完整的合同内容。

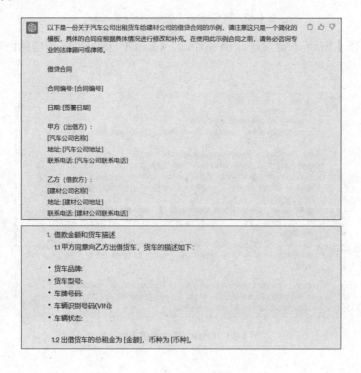

1. 租赁期限
   2.1本次租赁的期限为[起始日期]至[结束日期]。
2. 租金支付
   3.1乙方应按照以下方式支付租金：

- 支付方式：[支付方式]
- 租金支付日期：[支付日期]
- 租金支付金额：[金额]
- 租金支付账户：[收款账户]

1. 使用条件和责任
   4.1乙方同意按照厂商的操作指南和保养要求，妥善使用和保管租借的货车。

   4.2乙方应对租借的货车承担一切责任，包括但不限于车辆损失、事故、维修和保养费用等。

1. 违约责任
   5.1若乙方未按时支付租金或违反本合同其他条款，甲方有权采取以下措施之一或多种措施：

- 解除合同并收回货车。
- 要求乙方支付逾期未支付的租金及相关费用。
- 要求乙方赔偿因乙方违约行为而造成的损失。

1. 保险责任
   6.1在租赁期间，乙方应负责购买适当的车辆保险，并保持保险有效。
2. 合同解除
   7.1双方协商一致的情况下，本合同可提前解除。
3. 法律适用和争议解决
   8.1本合同的有效性、解释和履行将受到相关法律的约束。

   8.2若因本合同产生争议，双方应首先通过友好协商解决。若无法达成一致意见，则争议应提交有管辖权的法院进行解决。

   甲方（出借方）：
   签名：_____
   日期：_____

   乙方（借款方）：
   签名：_____
   日期：_____

   请注意，以上示例仅供参考。确保咨询专业的法律顾问或律师以根据您的具体情况和法律要求定制合同。

图 4-52 ChatGPT 生成借贷合同模板

★ 专家提醒 ★

由于借贷合同一般是由公司的法务人员或法律专业人员进行编写的，且需要结合具体的法律要求、地区规定和交易双方的具体情况，因此，ChatGPT只能提供借贷合同模板参考。

4.3.5 ChatGPT 充当金融专家解答疑惑

当用户由股权、股份、债券、基金等方面的疑惑时，可以向ChatGPT寻求帮助。ChatGPT可以充当金融专家，调动专业的金融知识来为用户解答。

扫码看教学视频

用户向ChatGPT咨询金融问题时可以采用以下指令模板进行提问：

假设你是一名×××（金融方面的专家），擅长×××（能力）。现在需要你帮我解答一些金融方面的疑惑，我的问题是×××（具体的疑惑）。

下面介绍采用指令模板向ChatGPT咨询金融问题的具体操作方法。

步骤01 打开ChatGPT，在其输入框中输入指令，如"假设你是一名理财顾问，擅长资产配置与理财分析。现在需要你帮我解答一些金融方面的疑惑，我的问题是普通个人应当如何配置自己的资产来达到最大效益？"，如图4-53所示。

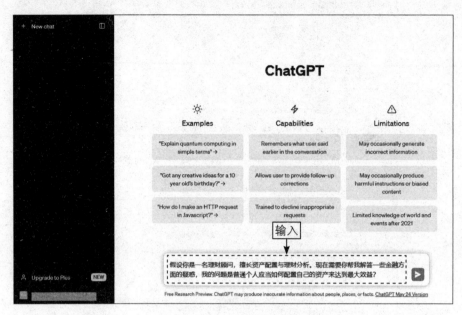

图 4-53　在 ChatGPT 的输入框中输入指令

步骤 02 按【Enter】键发送，稍等片刻，ChatGPT即可为用户提供理财建议，如图4-54所示。

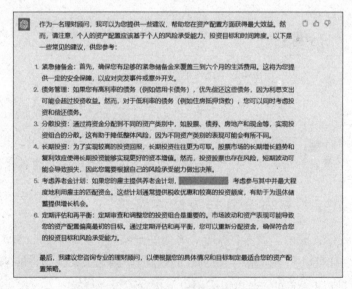

图 4-54　ChatGPT 为用户提供理财建议

4.3.6　ChatGPT 提供反欺诈风控建议

ChatGPT还可以为用户提供反欺诈风控建议，如为用户提供防网贷诈骗、电信诈骗等反欺诈建议。用户向ChatGPT咨询反欺诈风控建议时可以采

扫码看教学视频

用以下指令模板进行提问：

我正在经历着×××（事件描述），有什么好的建议吗？

下面介绍采用指令模板向ChatGPT咨询反欺诈风控建议的具体操作方法。

步骤01 打开ChatGPT，在其输入框中输入指令，如"我正在经历着网贷被风控的情况，有什么好的建议吗？"，如图4-55所示。

图4-55　在 ChatGPT 的输入框中输入指令

步骤02 按【Enter】键发送，稍等片刻，ChatGPT即可为用户提供解除风控的建议，如图4-56所示。

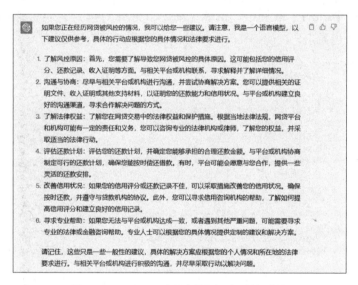

图4-56　ChatGPT 为用户提供解除风控的建议

4.4　学术行业：用ChatGPT协助学术研究

ChatGPT可以运用于学术行业。用户运用ChatGPT的文本生成功能，可以获得提高学习效率、拓展思维和增加获取学习资源的途径等帮助。本节将介绍运用ChatGPT协助学术研究的方法。

4.4.1　ChatGPT 生成论文大纲

论文大纲是指论文的整体框架，相当于大树的枝干，好的大纲能够成就枝繁叶茂。对于有学术需求的用户来说，拟好大纲是在撰写论文的过程

扫码看教学视频

中最为重要的一步，决定着论文内容的填充和顺利完成程度。运用ChatGPT的文本生成功能，可以为用户提供拟写论文大纲的灵感，从而提高撰写论文的效率。

用户运用ChatGPT生成论文大纲可以采用以下指令模板进行提问：

请提供×××（论文选题或论文标题）的论文大纲。

下面介绍采用指令模板让ChatGPT生成论文大纲的具体操作方法。

步骤01 打开ChatGPT，在其输入框中输入对话前提指令，如"论文大纲一般包含哪些要素？"，如图4-57所示，确认ChatGPT对论文大纲是否了解。

图 4-57 在 ChatGPT 的输入框中输入指令

步骤02 按【Enter】键发送，稍等片刻，ChatGPT即可给出对话前提的回复，如图4-58所示。可以看出，ChatGPT简要地对论文要素进行了概括。

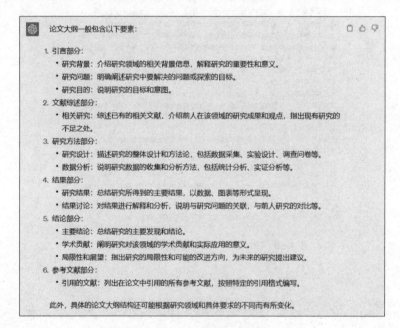

图 4-58 ChatGPT 给出对话前提的回复

步骤03 在ChatGPT的输入框中输入真正的需求，如"请提供中医药诊治慢性疾病研究的论文大纲。"，如图4-59所示。

步骤04 按【Enter】键发送，稍等片刻，ChatGPT即可为用户提供论文大纲参考，部分展示如图4-60所示。当文字中断时，用户通过单击"Continue generating"按钮，即可获得完整的论文大纲。

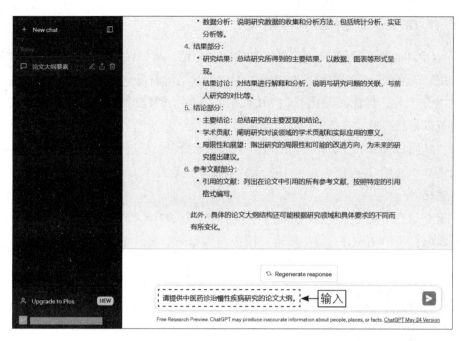

图 4-59　在 ChatGPT 的输入框中输入指令

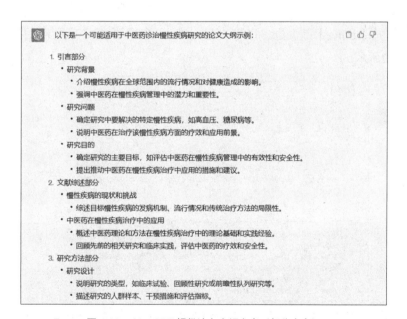

图 4-60　ChatGPT 提供论文大纲参考（部分内容）

　　除此之外，在撰写论文的过程中，用户还可以运用ChatGPT为论文降重，只需要将重复率高的内容输入到ChatGPT的对话框中，让ChatGPT充当论文导师进行论文查重即可。ChatGPT会通过更换同义词来进行降重，运用这个方法，可以减轻论文降重的压力，并提高效率。

4.4.2 ChatGPT 创建学习笔记

ChatGPT的语言交互功能可以帮助创建学习笔记，从而提高用户的学习效率。用户先在ChatGPT的输入框中输入创建学习笔记的指令，等ChatGPT生成学习笔记后，再让其转化为OPML代码，复制到创建思维导图的平台中，便可以得到清晰、有条理的学习笔记。

用户运用ChatGPT创建学习笔记可以采用以下指令模板进行提问：

假设你正在学习/阅读×××（课程、书籍），请写下关于×××（课程、书籍）的学习笔记。

下面介绍采用指令模板让ChatGPT创建学习笔记的具体操作方法。

步骤01 打开ChatGPT，在其输入框中输入指令，如"假设你正在阅读《百年孤独》，请写下关于这本书的读书笔记。"，如图4-61所示。

图 4-61　在 ChatGPT 的输入框中输入指令

步骤02 按【Enter】键发送，稍等片刻，ChatGPT即可生成《百年孤独》的读书笔记，如图4-62所示。

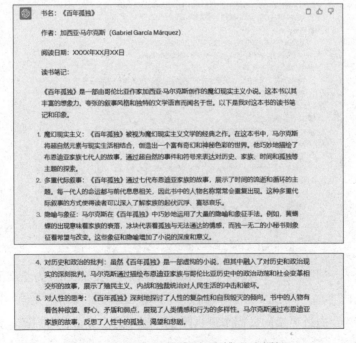

图 4-62　ChatGPT 生成《百年孤独》的读书笔记

步骤03 在ChatGPT的输入框中继续输入指令，如"将上述内容转化为OPML代码"，如图4-63所示，让ChatGPT生成可以制作思维导图的代码。

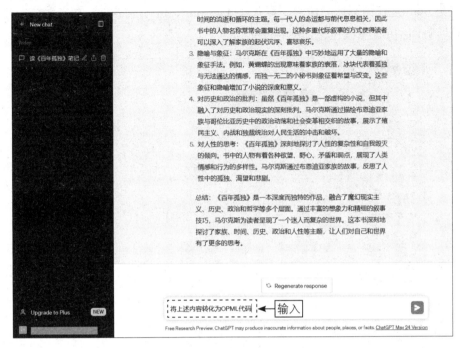

图 4-63 在 ChatGPT 的输入框中输入指令

步骤04 按【Enter】键发送，稍等片刻，ChatGPT即可生成制作思维导图的代码，如图4-64所示。

图 4-64 ChatGPT 生成制作思维导图的代码

步骤 05 将ChatGPT生成的代码复制并粘贴至记事本中，保存并修改记事本的文件
扩展名为.opml。在浏览器中搜索"幕布在线编辑"，进入"幕布"官方网站，在"幕
布编辑"页面中单击●按钮，如图4-65所示。

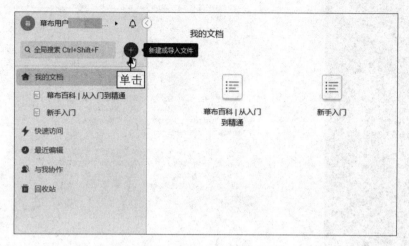

图4-65　单击相应按钮

步骤 06 依次选择"导入"选项和"导入OPML"
选项，会弹出"导入OPML"对话框，如图4-66所示。

步骤 07 单击"导入OPML（.opml）文件"按钮，
找到前面保存好的代码文件并打开，便可以将文件导入
到"幕布编辑"页面中，如图4-67所示。

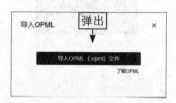

图 4-66　弹出"导入 OPML"对话框

读书笔记：《百年孤独》

- 书名：《百年孤独》
  - 作者：加西亚·马尔克斯（Gabriel García Márquez）
  - 阅读日期：XXXX年XX月XX日
- 读书笔记：
  - 1.魔幻现实主义：《百年孤独》被视为魔幻现实主义文学的经典之作。在这本书中，马尔克斯将超自然元素与现实生活相结合，创造出一个富有奇幻和神秘色彩的世界。他巧妙地描绘了布恩迪亚家族七代人的故事，通过超自然的事件和符号来表达对历史、家族、时间和孤独等主题的探索。

- 2.多重代际叙事：《百年孤独》通过七代布恩迪亚家族的故事，展示了时间的流逝和循环的主题。每一代人的命运都与前代息息相关，因此书中的人物名称常常会重复出现。这种多重代际叙事的方式便得读者可以深入了解家族的起伏沉浮、喜怒哀乐。
- 3.隐喻与象征：马尔克斯在《百年孤独》中巧妙地运用了大量的隐喻和象征手法。例如，黄蝴蝶的出现意味着家族的衰落，冰块代表着孤独与无法通达的情感，而独一无二的小秘书则象征着希望与改变。这些象征和隐喻增加了小说的深度和意义。
- 4.对历史和政治的批判：虽然《百年孤独》是一部虚构的小说，但其中融入了对历史和政治现实的深刻批判。马尔克斯通过描绘布恩迪亚家族与哥伦比亚历史中的政治动荡和社会变革相交织的故事，展示了殖民主义、内战和独裁统治对人民生活的冲击和破坏。
- 5.对人性的思考：《百年孤独》深刻地探讨了人性的复杂性和自我毁灭的倾向。书中的人物有着各种欲望、野心、矛盾和弱点，展现了人类情感和行为的多样性。马尔克斯通过布恩迪亚家族的故事，反思了人性中的孤独、渴望和悲剧。
- 总结：《百年孤独》是一本深度而独特的作品，融合了魔幻现实主义、历史、政治和哲学等多个层面。通过丰富的想象力和精细的叙事技巧，马尔克斯为读者呈现了一个迷人而复杂的世界。这本书深刻探讨了家族、时间、历史、政治和人性等主题，让人们对自己和世界有了更多的思考。

图 4-67　导入 OPML（.opml）文件

步骤08 单击"幕布编辑"页面右上角的"思维导图"按钮，如图4-68所示，即可生成以读书笔记为内容的思维导图，如图4-69所示。

图4-68　单击"思维导图"按钮

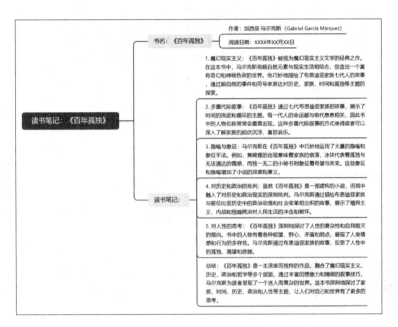

图4-69　导入OPML（.opml）文件

在"幕布编辑"页面中，等系统自动生成思维导图之后，可以看到一个类似于调色盘的按钮，用户将光标定位到这个按钮，即可进行不同颜色、主题的思维导图选择。

4.4.3　ChatGPT解答专业疑惑

基于ChatGPT强大的信息数据库，ChatGPT可以为用户提供不同领域的专业知识。用户可以把ChatGPT当作一个老师或学者，向其发起询问。用户运用ChatGPT咨询专业问题时可以采用以下指令模板进行提问：

扫码看教学视频

×××（专业知识点）是×××？请详细说明×××（知识点中的某个内容）。

（当碰到理科类的知识点时，还可以在指令中加入"并给我一个测验"。）

下面介绍采用指令模板让ChatGPT解答专业疑惑的具体操作方法。

步骤01 打开ChatGPT，在其输入框中输入指令，如"希腊神话在世界文学史上的地位是什么？"，如图4-70所示，询问ChatGPT文学史的知识。

图 4-70　在 ChatGPT 的输入框中输入指令（1）

步骤02 按【Enter】键发送，稍等片刻，ChatGPT会给出较为中肯的回复，如图4-71所示。

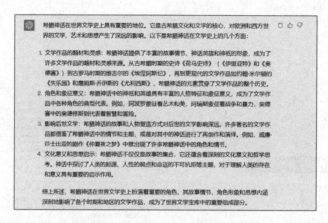

图 4-71　ChatGPT 给出较为中肯的回复

步骤03 在ChatGPT的同一个对话窗口中继续输入指令，如"请详细说明希腊神话带来的文化意义和思想启示。"，如图4-72所示。

图 4-72　在 ChatGPT 的输入框中输入指令

步骤04 按【Enter】键发送，稍等片刻，ChatGPT会对知识点进行拓展，如图4-73所示。

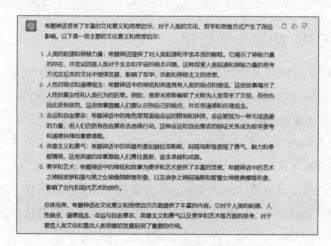

图 4-73　ChatGPT 对知识点进行拓展

4.4.4 ChatGPT 提供择校帮助

扫码看教学视频

每年毕业季都会有一群学生做出继续升学的决定，而择校是当中最为重要的抉择。当学生面临择校抉择时，可以参考ChatGPT给出的择校建议。用户运用ChatGPT咨询择校建议时可以采用以下指令模板进行提问：

我是×××（身份），正面临着×××（困难），你有什么好的建议吗？

下面介绍采用指令模板让ChatGPT提供择校建议的具体操作方法。

步骤01 打开ChatGPT，在其输入框中输入指令，如"我是一名刚刚结束高考的毕业生，想申请去瑞士留学，你有什么好的建议吗？"，如图4-74所示。

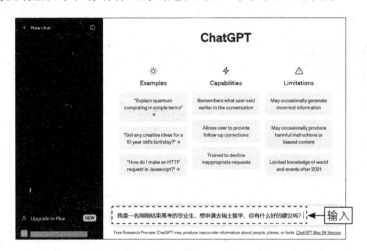

图 4-74 在 ChatGPT 的输入框中输入指令

步骤02 按【Enter】键发送，稍等片刻，ChatGPT会给出相应的择校建议，如图4-75所示。

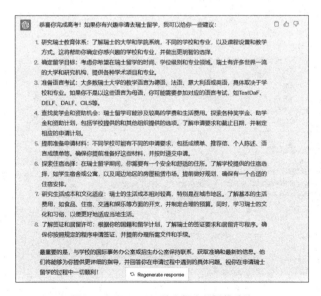

图 4-75 ChatGPT 给出相应的择校建议

4.4.5 ChatGPT 提供计划建议

ChatGPT应用于学术领域可以为用户提供制订计划的建议，如学习一门外语的具体时间和对应事件的安排。

用户运用ChatGPT咨询制订计划建议时可以采用以下指令模板进行提问：

请提供一个在×××（时间期限）学习×××（学习任务）的规划。

下面介绍采用指令模板向ChatGPT咨询制订计划建议的具体操作方法。

步骤01 打开ChatGPT，在其输入框中输入指令，如"请提供一个每天花两个小时学习弹吉他的规划。"，如图4-76所示。

图 4-76 在 ChatGPT 的输入框中输入指令

步骤02 按【Enter】键发送，稍等片刻，ChatGPT即可生成相应的规划，如图4-77所示。可以看出，ChatGPT结合了学习吉他的知识和技能，给出了时间安排。

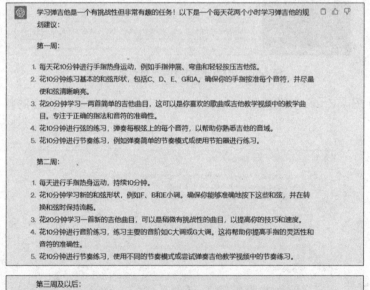

图 4-77 ChatGPT 生成相应的规划

4.5 其他行业：用ChatGPT满足个性化需求

ChatGPT除了在媒体行业、IT行业、金融行业和学术行业有所应用，还能广泛应用于其他行业，帮助用户解决个性化的困境与需求。本节将列举出一些ChatGPT在其他行业的应用。

4.5.1 ChatGPT 为求职者提供指导

求职者几乎是每个人都曾拥有或正拥有的角色。用户作为求职者，会经历各式各样不同的面试场景，并且或多或少都会因为面试过程中的不确定性而紧张、失措，此时，若是提前预想问题或预演情境，能够帮助用户缓解这类紧张情绪。

扫码看教学视频

ChatGPT可以响应用户的指令，充当面试官为，用户提供指导。用户运用ChatGPT咨询面试指导时可以采用以下指令模板进行提问：

❶ 预想问题：你现在是×××（职位）的面试官，请分享在×××（职位）面试时最常问的××（数字）个问题。

❷ 预演情境：你现在是一个×××（职位）面试官，而我是要应征×××（职位）的面试者。你需要遵守以下规则：1.你只能问我有关×××（职位）的面试问题。2.不需要写解释。3.你需要像面试官一样等我回答问题，再提问下一个问题。我的第一句话是，你好。

下面介绍采用指令模板向ChatGPT咨询面试指导的具体操作方法。

步骤01 打开ChatGPT，在其输入框中输入指令，如"你现在是婚纱摄影师的面试官，请分享在婚纱摄影师面试时最常问的10个问题。"，如图4-78所示，让ChatGPT给出一些面试时可能会被问到的问题，以做足准备。

图 4-78 在 ChatGPT 的输入框中输入指令

步骤02 按【Enter】键发送，稍等片刻，ChatGPT会给出面试问题参考，如图4-79所示。

步骤03 在ChatGPT的同一个对话窗口中继续输入指令，如"你现在是一个婚纱摄影师面试官，而我是要应征婚纱摄影师的面试者。你需要遵守以下规则：1.你只能问我有关婚纱摄影师的面试问题。2.不需要写解释。3.你需要像面试官一样等我回答问题，再提问下一个问题。我的第一句话是，你好。"，如图4-80所示。

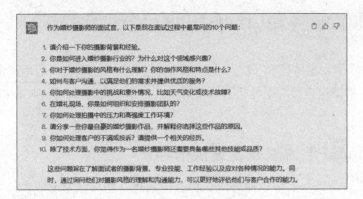

图 4-79　ChatGPT 给出面试问题参考

图 4-80　在 ChatGPT 的输入框中输入指令

步骤04 按【Enter】键发送，稍等片刻，ChatGPT便会以面试官的身份来与用户对话，如图4-81所示，用户可以通过与ChatGPT深入对话来感受面试情境。

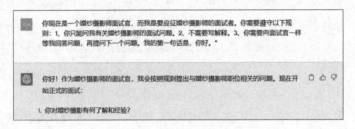

图 4-81　ChatGPT 充当面试官与用户对话

当用户作为求职者去向ChatGPT寻求帮助时，还可以将自己的履历输入指令中，让ChatGPT提供修改意见，从而增加面试成功的概率。

4.5.2　ChatGPT 为旅行者制定攻略

扫码看教学视频

当用户作为旅行者或旅游博主有出游的打算时，可以输入需求让ChatGPT制定旅游攻略。用户运用ChatGPT咨询旅游攻略时可以采用以下指令模板进行提问：

我要在×××（时间）去×××（地点）旅游，为期×（数字）天。请你作为一名资深导游，帮我制定一份旅游攻略，我希望1.×××（具体要求）；2.×××（具体要求）。

下面介绍采用指令模板向ChatGPT咨询旅游攻略的具体操作方法。

步骤01 打开ChatGPT，在其输入框中输入指令，如"我要在5月1日去欧洲旅游，为期5天。请你作为一名资深导游，帮我制定一份旅游攻略，我希望1.时间宽裕，不要太奔波；2.请写出乘车方式。"，如图4-82所示。

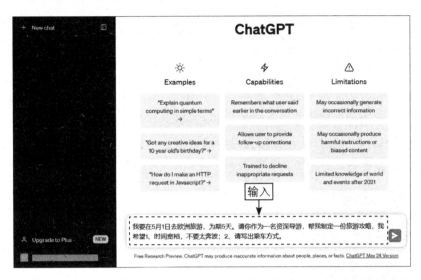

图 4-82　在 ChatGPT 的输入框中输入指令

步骤02 按【Enter】键发送，稍等片刻，ChatGPT便会给出欧洲游的攻略，部分内容如图4-83所示。

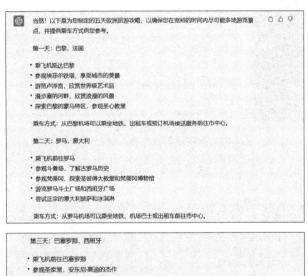

图 4-83　ChatGPT 给出欧洲游的攻略（部分内容）

4.5.3　ChatGPT 为歌手提供灵感

当用户是一名歌手时，可以运用ChatGPT生成歌词或旋律，从中获得创作灵感。用户运用ChatGPT生成歌词时可以采用以下指令模板进行提问：

扫码看教学视频

我要创作一首×××（主题）的歌曲，请生成歌词参考。歌中要包含×××（关键词……）。

下面介绍采用指令模板让ChatGPT生成歌词的具体操作方法。

步骤 01 打开ChatGPT，在其输入框中输入指令，如"我要创作一首回忆青春的歌曲，请生成歌词参考。歌中要包含数学题、桂花树和篮球。"，如图4-84所示。

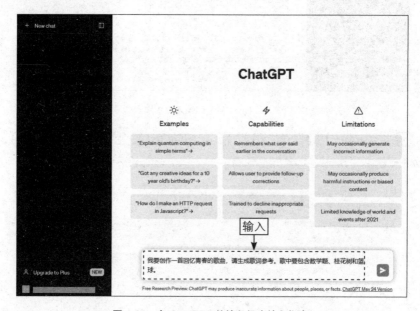

图 4-84　在 ChatGPT 的输入框中输入指令

步骤 02 按【Enter】键发送，稍等片刻，ChatGPT即可生成歌词，如图4-85所示。

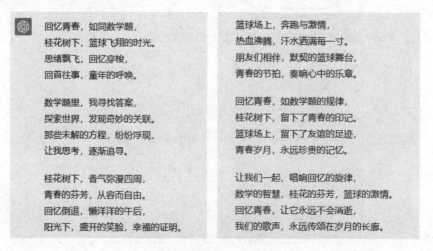

图 4-85　ChatGPT 生成歌词

4.5.4　ChatGPT 为厨师提供食谱

　　ChatGPT可以生成菜谱或食谱，为厨师解决一些烦恼。例如，当厨师想要尝试制作不同地域的美食时，可以运用ChatGPT生成食谱。用户运用ChatGPT生成食谱时可以采用以下指令模板进行提问：

　　请提供给我一个食谱，食材包含×××（食材1）、×××（食材2）、×××（食材……）。

　　下面介绍采用指令模板让ChatGPT生成食谱的具体操作方法。

　　步骤01 打开ChatGPT，在其输入框中输入指令，如"请提供给我一个食谱，食材包含玉米、排骨和香菇。"，如图4-86所示。

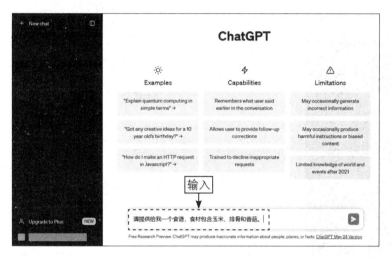

图 4-86　在 ChatGPT 的输入框中输入指令

　　步骤02 按【Enter】键发送，稍等片刻，ChatGPT即可生成食谱，如图4-87所示。

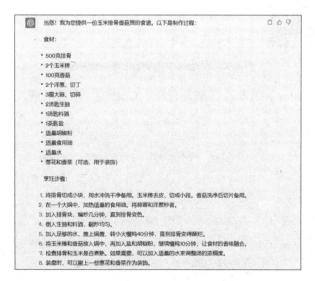

图 4-87　ChatGPT 生成食谱

4.5.5 ChatGPT 为 AI 绘画提供指令

AI 绘画是 AI 的重要应用场景之一，用户只需要在 AI 绘画平台中输入指令，AI 即可自动化创作画作，而生成 AI 绘画作品的指令可以让 ChatGPT 提供。用户运用 ChatGPT 生成 AI 绘画指令时可以采用以下指令模板进行提问：

假设你是一个AI绘画师，请帮我简单写××（数字）个描述×××（画作主题）的关键词，××（数字）字。

下面介绍采用指令模板让ChatGPT生成AI绘画指令的具体操作方法。

步骤01 打开ChatGPT，在其输入框中输入指令，如"假设你是一个AI绘画师，请帮我简单写5个描述欧式建筑特征的关键词，20字。"，如图4-88所示。

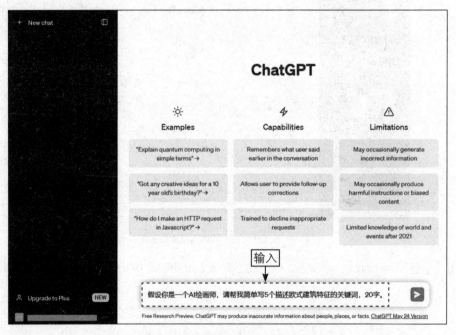

图 4-88　在 ChatGPT 的输入框中输入指令

步骤02 按【Enter】键发送，稍等片刻，ChatGPT即可生成AI绘画的关键词，如图4-89所示。

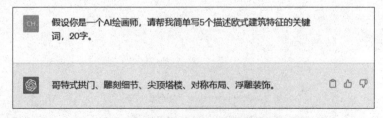

图 4-89　ChatGPT 生成 AI 绘画的关键词

4.5.6　ChatGPT 协助翻译官的工作

扫码看教学视频

ChatGPT可以应用于翻译领域，协助翻译官进行翻译工作。例如，用户在ChatGPT的输入框中输入一段英文，可以要求ChatGPT翻译为中文或者其他语言。

用户运用ChatGPT协助翻译工作时可以采用以下指令模板进行提问：

请将以下文字翻译为××（语言）。文字如下：×××。

下面介绍采用指令模板让ChatGPT协助翻译工作的具体操作方法。

步骤01 打开ChatGPT，在其输入框中输入指令，如"请将以下文字翻译为西班牙语。文字如下：'一川烟草，满城风絮，梅子黄时雨'。"，如图4-90所示。

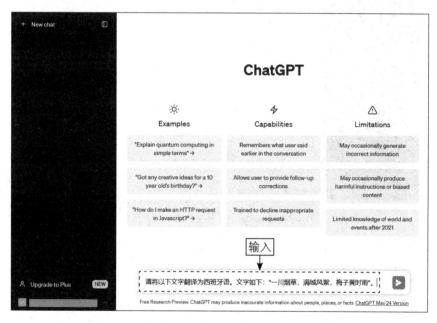

图 4-90　在 ChatGPT 的输入框中输入指令

步骤02 按【Enter】键发送，稍等片刻，ChatGPT即可按照要求完成翻译任务，如图4-91所示。

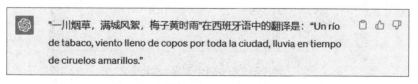

图 4-91　ChatGPT 完成翻译任务

4.5.7　ChatGPT 协助秘书处理事务

扫码看教学视频

ChatGPT可以与PPT、Word、Excel等办公软件协作，帮助秘书人员处理办公事务，如与Excel协助，帮助秘书人员统计员工出勤表。用户运用

ChatGPT协助秘书处理事务可以采用以下指令模板进行提问：

在×××（办公软件）中，×××（问题描述），请帮我生成一个×××（快捷键/计算公式）。

下面介绍采用指令模板让ChatGPT秘书处理事务的具体操作方法。

步骤01 打开ChatGPT，在其输入框中输入指令，如"在Excel工作表中，需要在E2单元格中计算B2:D2单元格的平均值，请帮我编写一个计算公式"，如图4-92所示，让ChatGPT提供Excel的计算公式。

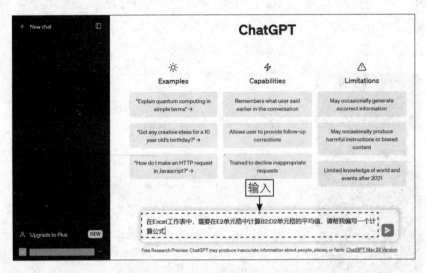

图 4-92　在 ChatGPT 的输入框中输入指令

步骤02 按【Enter】键发送，稍等片刻，ChatGPT即可生成计算公式，并提供了使用指南，如图4-93所示。

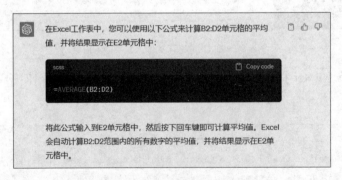

图 4-93　ChatGPT 生成计算公式

4.5.8　ChatGPT 充当客服提供服务

扫码看教学视频

用户在ChatGPT中输入指令，让ChatGPT充当客服，生成客服人员常用的话语模板，从而减轻企业培训客服人员的成本。用户运用ChatGPT充当客服提供服务可以采用以下指令模板进行提问：

假设你是×××（直播/课程/淘宝）客服，请针对网友的评论/问题给出回复。网友的评论如下：×××（网友的评论内容）。

下面介绍采用指令模板让ChatGPT充当客服提供服务的具体操作方法。

步骤01 打开ChatGPT，在其输入框中输入指令，如"假设你是直播客服，请针对网友的评论给出回复。网友的评论如下：'盲盒的魅力在于它的神秘性，每次都不知道会得到什么，但这种惊喜和未知感让人上瘾，我已经完全沉迷其中了！'"，如图4-94所示。

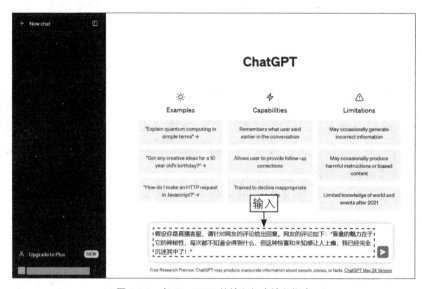

图4-94　在ChatGPT的输入框中输入指令

步骤02 按【Enter】键发送，稍等片刻，ChatGPT即可充当客服对网友的评论进行回复，如图4-95所示。可以看出，ChatGPT给出的回复略显生硬，缺少一些温度。

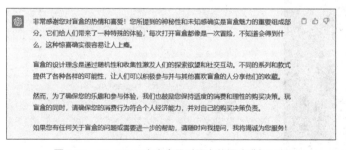

图4-95　ChatGPT充当客服对网友的评论进行回复

步骤03 在ChatGPT的同一个对话窗口中继续输入指令，如"请重新生成回复，Please generate the answer at 1"，如图4-96所示，让ChatGPT生成给人亲切感、有温度的回复。

图4-96　在ChatGPT的输入框中输入指令

步骤04 按【Enter】键发送，稍等片刻，ChatGPT即可重新生成回复，如图4-97所示。可以看出，ChatGPT重新给出的回复更有人情味，更能够拉近与人的距离。

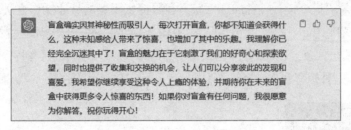

图 4-97　ChatGPT 重新生成回复

4.5.9　ChatGPT 充当作家创作诗歌

扫码看教学视频

ChatGPT可以模仿作家的写作风格进行诗歌创作或通过文本数据组合生成诗歌，其诗歌有一定的鉴赏意义。用户运用ChatGPT充当作家创作诗歌可以采用以下指令模板进行提问：

假设你经历了×××（事件），请模仿×××的写作风格创作一首×××（诗的类型）诗。

下面介绍采用指令模板让ChatGPT充当作家创作诗歌的具体操作方法。

步骤01 打开ChatGPT，在其输入框中输入指令，如"假设你第一次登上了泰山，在山顶时思如泉涌，想要吟诗一首。请模仿李白的写作风格创作一首五言诗。"，如图4-98所示。

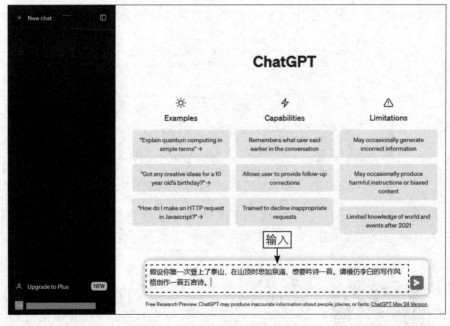

图 4-98　在 ChatGPT 的输入框中输入指令

步骤02 按【Enter】键发送，稍等片刻，ChatGPT即可创作诗歌，如图4-99所示。可以看出，ChatGPT给出了五言诗参考，且诗歌模仿了李白擅用的夸张的写作手法。

图 4-99　ChatGPT 创作诗歌

4.5.10　ChatGPT 帮助用户主动社交

扫码看教学视频

现今社会，大多数人好像都不太擅长社交，被称作"社恐"的大有人在，但人类是群居"动物"，常常免不了要社交。当用户不得不主动进行社交时，可以向ChatGPT寻求帮助，如询问ChatGPT，如何与陌生人开启话题，才能感到不尴尬；如何快速地融入群体生活中等。

用户运用ChatGPT寻求社交帮助可以采用以下指令模板进行提问：

提供×（数字）个针对×××（问题）的方法。

下面介绍采用指令模板让ChatGPT提供社交帮助的具体操作方法。

步骤01 打开ChatGPT，在其输入框中输入指令，如"提供10个针对与陌生人聊天不知道如何开启话题的方法。"，如图4-100所示。

图 4-100　在 ChatGPT 的输入框中输入指令

步骤 02 按【Enter】键发送，稍等片刻，ChatGPT即可提供主动社交的建议，如图4-101所示。

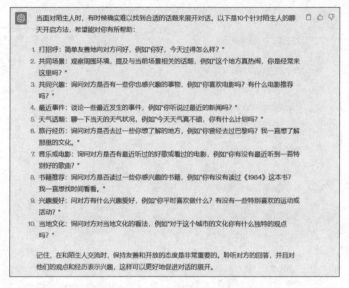

图 4-101　ChatGPT 提供主动社交的建议

本章小结

本章主要介绍了ChatGPT在不同行业的应用，重点讲解了ChatGPT应用于媒体行业、IT行业、金融行业、学术行业的操作方法。另外，还补充了ChatGPT为求职者、旅行者、歌手、厨师、AI绘画师、翻译官、秘书、客服、作家等职业提供帮助的操作方法。希望读者在学完本章的内容之后，能够熟练运用ChatGPT。

课后习题

鉴于本章知识的重要性，为了帮助读者更好地掌握所学知识，本节将通过课后习题，帮助读者进行简单的知识回顾和补充。

扫码看教学视频

1. 尝试编写指令让ChatGPT生成一段完整的提供英语学习的程序代码，效果参考如图4-102所示。

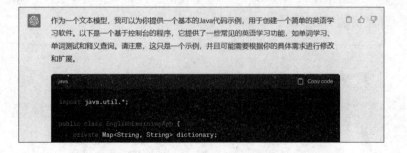

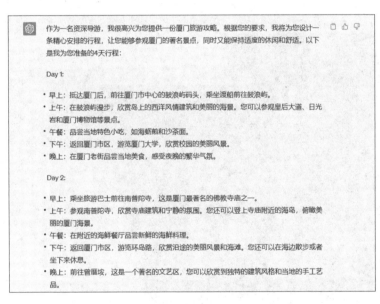

```
private List<String> wordList;
private Random random;

public EnglishLearningApp() {
    dictionary = new HashMap<>();
    dictionary.put("apple", "苹果");
    dictionary.put("banana", "香蕉");
    dictionary.put("cat", "猫");
    dictionary.put("dog", "狗");

    wordList = new ArrayList<>(dictionary.keySet());
    random = new Random();
}

public void start() {
    Scanner scanner = new Scanner(System.in);
    boolean exit = false;

    System.out.println("Welcome to English Learning App!");
```

图 4-102　ChatGPT 生成完整的提供英语学习的程序代码

2. 尝试编写指令让ChatGPT生成一个为期4天的厦门旅游计划，效果参考如图4-103所示。

扫码看教学视频

作为一名资深导游，我很高兴为您提供一份厦门旅游攻略。根据您的要求，我将为您设计一条精心安排的行程，让您能够参观厦门的著名景点，同时又能保持适度的休闲和舒适。以下是我为您准备的4天行程：

Day 1:

- 早上：抵达厦门后，前往厦门市中心的鼓浪屿码头，乘坐渡船前往鼓浪屿。
- 上午：在鼓浪屿漫步，欣赏岛上的西洋风情建筑和美丽的海景。您可以参观皇后大道、日光岩和厦门博物馆等景点。
- 午餐：品尝当地特色小吃，如海蛎煎和沙茶面。
- 下午：返回厦门市区，游览厦门大学，欣赏校园的美丽风景。
- 晚上：在厦门老街品尝当地美食，感受夜晚的繁华气氛。

Day 2:

- 早上：乘坐旅游巴士前往南普陀寺，这是厦门最著名的佛教寺庙之一。
- 上午：参观南普陀寺，欣赏寺庙建筑和宁静的氛围。您还可以登上寺庙附近的海岛，俯瞰美丽的厦门海景。
- 午餐：在附近的海鲜餐厅品尝新鲜的海鲜料理。
- 下午：返回厦门市区，游览环岛路，欣赏沿途的美丽风景和海滩。您还可以在海边散步或者坐下来休息。
- 晚上：前往曾厝垵，这是一个著名的文艺区，您可以欣赏到独特的建筑风格和当地的手工艺品。

图 4-103　ChatGPT 生成旅游攻略

第5小时

思路拓展：ChatGPT接入平台实现商业应用

随着ChatGPT的开放与使用，越来越多的ChatGPT应用场景被开发，如接入办公软件中，提高办公效率；接入搜索引擎中，满足更多个性化的需求；引入社交领域，推出更智能的聊天机器人等。可见，ChatGPT未来商用的前景之广。本章将介绍ChatGPT接入办公工具、搜索引擎、社交软件、商业营销和家庭生活的应用。

5.1 办公应用：ChatGPT + Office助力办公

ChatGPT可以以插件的形式接入Word、PPT、Excel等常用的Office办公软件中，实现更加智能化的办公；还可以为代码辅助工具提供技术支持，让程序员轻松编写代码。本节将介绍ChatGPT接入办公软件或工具的相关应用。

5.1.1 推出 AI 版 Office "全家桶"——Microsoft 365 Copilot

ChatGPT协同办公平台实现智能化生成文档、PPT。微软公司推出的AI版Office "全家桶"——Microsoft 365 Copilot（Microsoft 365副本，是一款计算机系统）便是智能化办公的实践。

Microsoft 365 Copilot的原理是将大型语言模型、业务数据与Microsoft 365应用相结合，旨在自动化生成文档、电子邮件、PPT等，从而极大地提供办公效率。Microsoft 365 Copilot的主要功能如图5-1所示。

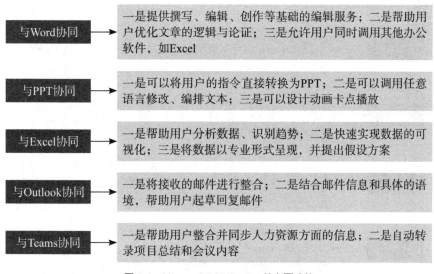

图5-1 Microsoft 365 Copilot 的主要功能

另外，Microsoft 365 Copilot还可以与Power Platform（办公软件）协同，助力程序员进行简化代码的开发。

Microsoft 365 Copilot只需用户输入指令或需求描述，即可自动编辑文档，完成办公任务。Microsoft 365 Copilot的推出吸引了互联网巨头公司的加入，举例介绍如下。

（1）阿里巴巴：将阿里通义千问大模型接入钉钉，实现自动归纳群聊重点信息、总结会议纪要等功能。

（2）百度：宣布文心一言大模型（类ChatGPT的语言模型）将应用于智能工作平台 "如流" 上，以提高策划方案、编写代码、协作沟通等工作的效率。

（3）金山办公：推出 "WPS AI"，将语言模型嵌入WPS中，实现语言模型的对话式文本生成功能与WPS的办公功能相结合，共同致力于高效的智能化办公。

这些AI协同办公平台可能还处于研发和样本测试阶段，但相信实现真正的广泛应用将不久后便能实现。ChatGPT协同办公平台的应用无疑是生成式AI商用的一大"战场"。

5.1.2 基于ChatGPT的AI办公工具实现文本"美颜"

"AI＋办公"是AI的重要应用场景，不少微型的办公软件企业瞄准了这一商机，纷纷推出基于ChatGPT的AI办公工具，为企业的转型与发展创造机会。基于ChatGPT的AI办公工具包括Notion AI、GrammarlyGo和ChatPDF，简要介绍如下。

1. Notion AI

Notion AI是Notion（美国的文档协作软件公司）推出的基于GPT-3模型的AI问答软件，具有智能化程度高、界面清晰便捷、系统适配性强、隐私安全性高的特点。Notion AI主要有6大功能，如图5-2所示。Notion AI最受用户欢迎的功能是改写，能够一键改写文本，优化文本内容。

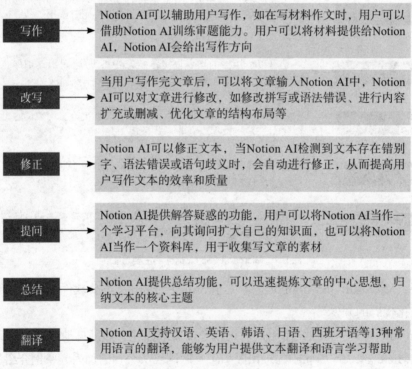

图 5-2　Notion AI 的功能

2. GrammarlyGO

GrammarlyGO是英语拼写工具Grammarly基于生成式AI推出的一个服务，可以实现根据用户的需求，提供不同语气的文本内容。

GrammarlyGO在快速生成文本上有一定的优势，可以根据用户的需求来生成文本。同时，GrammarlyGO还可以缩写文本，改变文本的长度；分析电子邮件，给出回复建议。

3. ChatPDF

ChatPDF是基于GPT模型对PDF文件进行处理的应用。用户通常以对话的形式让ChatPDF扫描PDF文件，或提炼文章的中心思想，或生成文章的摘要。ChatPDF有3个主要功能，如图5-3所示。

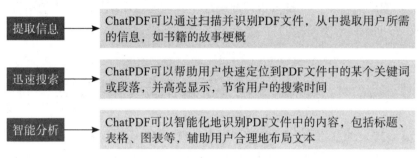

图 5-3 ChatPDF 的主要功能

5.1.3 接入类 ChatGPT 技术的代码辅助工具生成代码

ChatGPT可以协同代码辅助工具，帮助程序员撰写代码。国内外均有接入类ChatGPT技术的代码辅助工具，举例介绍如下。

1. 国内的华为云CodeArts Snap

华为云旗下的智能编程助手CodeArts Snap作为AI代码辅助工具面世，能够支持多场景的智能化代码生成，具体如图5-4所示。

图 5-4 CodeArts Snap 支持多场景的智能化代码生成

2. 国外的Copilot X辅助变成工具

微软旗下的GitHub（代码托管平台）推出的Copilot X辅助编程工具，通过接入GPT-4模型，让用户可以输入指令，提出编程要求。Copilot X辅助编程工具支持以下几个功能：

（1）识别语音生成代码。Copilot X辅助编程工具支持用户输入语音提出编程要求，以此提高用户的工作效率。

（2）智能提示与补全代码。Copilot X辅助编程工具在生成代码时，会提供代码编写提示和优化代码的建议。

（3）智能搜索和人机交互。Copilot X辅助编程工具为用户提供智能搜索功能，让用户无须重新开启搜索引擎，就能够找到所需的答案，从而减轻用户的工作负担。

（4）智能调试程序。Copilot X辅助编程工具能够自动识别程序中的错误，并给出原因分析，帮助用户解决问题。

5.2 网络应用：ChatGPT+搜索引擎扩展功能

GPT模型接入浏览器中，开启了"ChatGPT+搜索引擎"模式。各大搜索引擎开发企业纷纷进行不同的尝试，并推出相应的产品，如微软的Bing Chat、谷歌的Bard、Opera的驱动工具SHORTEN、百度的文心一言和360的MasterYoda等。本节将简要介绍这些产品，让大家了解ChatGPT在网络方面的应用。

5.2.1 微软开放引入 GPT–4 模型的 Bing Chat

微软公司在Bing（必应）搜索引擎中接入GPT-4模型，对搜索功能进行升级，推出了Bing Chat产品。Bing Chat的全面开放为用户提供了新的搜索方法，用户通过Bing Chat可以查询到更清晰便捷、丰富全面的信息。

Bing Chat相比传统的搜索引擎来说，具有4个优势，如图5-5所示。

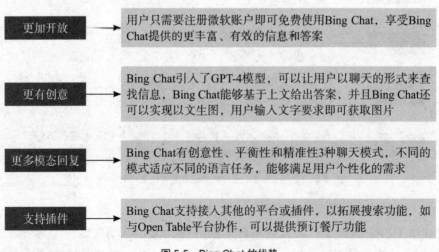

图 5-5 Bing Chat 的优势

5.2.2　谷歌发布类 ChatGPT 的聊天机器人——Bard

谷歌发布聊天机器人Bard，升级搜索引擎，使搜索引擎更加可视化、个性化和人性化，以适应年轻群体的需求。当前，Bard正在被研发与升级中，力求推出后为用户解决更具有逻辑性的数学问题和生成逻辑推理能力。

5.2.3　Opera 浏览器接入驱动工具——Shorten

Opera浏览器公司计划接入驱动工具Shorten，整合浏览器与ChatGPT的功能，实现用户单击相应按钮，即可快速获得文章的摘要。

在Opera浏览器中，用户在右上方看到Shorten按钮，单击该按钮，系统的左侧边栏会弹出ChatGPT的对话框。用户可以在对话框中输入指令，让ChatGPT生成对应文章的摘要、关键词、中心思想等，实现信息的总结与概括，从而帮助用户提供工作效率。

在浏览器中接入驱动工具Shorten只是ChatGPT功能扩展的第一步，未来，ChatGPT接入浏览器中能够实现更多的功能。

5.2.4　百度推出类似于 ChatGPT 的产品——文心一言

百度基于飞桨深度学习平台和文心知识增强大模型推出了文心一言。文心一言是类似于ChatGPT的聊天机器人产品，可以帮助用户更好地进行文学创作。

在文心一言平台上，用户可以利用AI技术生成与主题相关的文案，包括句子、段落、故事情节、人物形象描述等，帮助用户更好地理解主题和构思作品。

此外，文心一言平台还提供了一些写作辅助工具，如情感分析、词汇推荐、排名对比等，让用户可以更全面地了解自己的作品，并对其进行优化和改进。同时，文心一言平台还设置了创作交流社区，用户可以在这里与其他作家分享自己的作品，交流创作心得，获取反馈和建议。

图5-6所示为使用文心一言生成的作文。

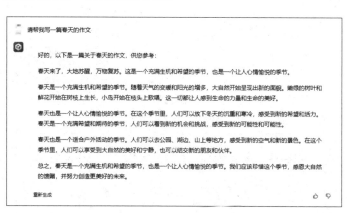

图 5-6　使用文心一言生成的作文

可以看出，文心一言在话语模式和生成形式上与ChatGPT相似，是生成式AI的扩展性应用。

5.2.5　360推出类似于ChatGPT的机器人助手——MasterYoda

MasterYoda是360内部推出的机器人助手，能够与ChatGPT和文心一言媲美，但暂时只能支持文本回复，不能生成图片。

MasterYoda是基于GLM-130B语言模型而推出的聊天类产品。GLM-130B语言模型拥有1300亿参数作为训练数据，因此，其性能优于GPT-3模型，能够支持MasterYoda提供更有效的帮助。

5.2.6　知乎联合面壁智能推出中文模型——"知海图AI"

"知海图AI"是知乎联合面壁智能（人工智能大模型技术创新与应用落地企业）推出的针对中文的文本生成模型，其内置于知乎平台中，将以"热榜摘要"的功能上线。

"知海图AI"能够对知乎平台上的热门提问进行抓取、整合，并让问答清晰地呈现出来，从而方便大家对问题进行回答。在知乎平台的应用场景下，"知海图AI"的语言理解能力几乎与GPT-4模型持平。

目前，"知海图AI"正处于内测中，如图5-7所示，相信不久之后，便能够向大众开放。

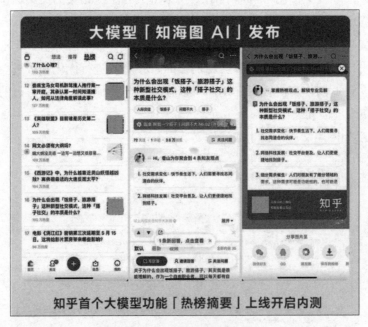

图5-7　"知海图AI"开启内测

"知海图AI"有一定的应用优势，如图5-8所示。

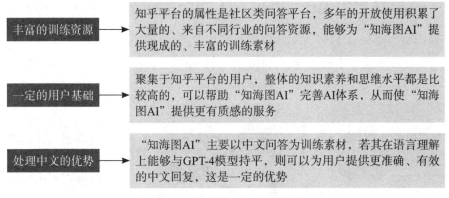

图 5-8　"知海图 AI"的应用优势

5.3 社交文娱：ChatGPT + 机器人与人互动

ChatGPT接入社交文娱领域的主要形式是人机互动，ChatGPT的功能联合AI机器人的功能为用户答疑解惑和提供玩乐。本节将举例介绍ChatGPT接入社交文娱领域的应用。

5.3.1　Snapchat 推出基于 ChatGPT 的聊天机器人——My AI

Snapchat（美国的社交软件）推出了基于ChatGPT的聊天机器人——My AI。My AI内置于Snapchat中，作为聊天标签，其位置类似于微信聊天界面中的置顶，可以为用户提供答疑解惑、充当知心好友等服务。

My AI被训练了不提供粗俗、色情、暴力等有害回复，不仅充当搜索引擎的作用，还可以为用户提供情感陪伴与支持。

5.3.2　弥知科技接入 ChatGPT 推出机器人——AIKiviGPT

AIKiviGPT是AI机器人与人类进行语音交互的实践。弥知科技开发的AIKiviGPT主要是通过接入ChatGPT至Kivi机器人中来实现人机交互的。

用户通过微信小程序即可体验AIKiviGPT的功能，其入口如图5-9所示。

图 5-9　AIKiviGPT 的体验入口

5.3.3 苹果推出类似于 ChatGPT 功能的机器人——"轻松鲨"

"轻松鲨"是一款AI聊天文案写作机器人，与ChatGPT的功能相似，主要是为用户提供内容创作和文本生成服务，具体的功能介绍如图5-10所示。

图 5-10 "轻松鲨"的功能介绍

图5-11所示为"轻松鲨"生成的文案和选题示例。

图 5-11　"轻松鲨"生成的文案和选题示例

5.3.4　Discord 推出基于 ChatGPT 的聊天机器人——Clyde

游戏聊天社区Discord推出了基于ChatGPT的聊天机器人Clyde，能够多轮回答用户的问题，满足用户通过游戏进行交友的需求。

Clyde可以支持用户询问私人问题或在公共区域寻求建议和帮助，还可以满足用户发送GIF动图和表情符号的需求，让用户游戏和交友更畅快。

5.4 商业营销：ChatGPT引领AI数字员工

ChatGPT的出现对智能客服、商品推荐、直播卖货、客户管理等商业营销的多个板块都有所影响。商业营销领域的各大企业抓住ChatGPT带来的机遇，为产品销售和生产活动增添动力。本节将举例介绍ChatGPT助力商业营销方面的应用。

5.4.1 Shopify 将 ChatGPT 集成到电商软件中服务

Shopify是一家致力于提供电商服务的开放商，在全球的电商领域有相当大的影响力。Shopify在升级服务中将ChatGPT集成到电商软件中，充当电商平台的客服，为商家解决问题和提高效率服务。

Shopify的这一举动开启了ChatGPT接入跨境电商的应用，主要提供的功能如图5-12所示。

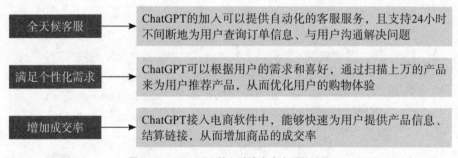

图 5-12 ChatGPT 接入跨境电商实现的功能

ChatGPT接入跨境电商可以为商家带来机遇，具体说明如图5-13所示。

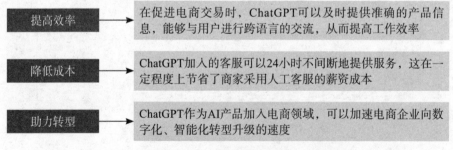

图 5-13 ChatGPT 接入跨境电商为商家带来的机遇

5.4.2 基于 ChatGPT 推出定制化商品和服务

ChatGPT加入营销领域，还可以更精准地对标产品的受众，让产品及时满足目标受众的需求。下面举例说明ChatGPT接入电商领域推出定制化商品和服务的应用。

1. Intacart的"食物推荐"服务

海外销售生鲜的电商平台Intacart基于ChatGPT推出"食物推荐"服务，让用户发现隐藏的购物需求，帮助用户找到购物灵感。

2. Expedia内置聊天机器人

Expedia（一家国外的旅游公司）在其平台软件中内置了基于ChatGPT的聊天机器人，能够为用户提供旅游规划，包括乘车方式、酒店定制等服务。Expedia提供的旅游规划相比ChatGPT的旅游规划，准确性更高。

5.4.3 将 ChatGPT 技术接入数字人进行直播活动

ChatGPT接入电商直播中主要以数字人的形式呈现。例如，Synthesis AI是一家国外的开发合成数据以训练AI系统的平台，其引入ChatGPT技术来创建逼真虚拟数字人。

这类虚拟数字人运用生成式AI技术和视觉技术，相当于拥有了人脑的思维方式和视觉，可以用于虚拟现实、电影、游戏等场景中。

再如，国内的天娱数科科技公司也将ChatGPT接入了虚拟数字人中，可以进行电商直播活动。图5-14所示为天娱数科的虚拟数字人"舢舢"在接入ChatGPT模型之后进行的直播活动，可以看出"舢舢"作为AI数字人，掌握了直播的常用话语，并在直播间进行了才艺表演。

图 5-14 虚拟数字人"舢舢"的直播活动

5.4.4 CRM 龙头企业接入 ChatGPT 辅助客户管理

在客户关系管理中，ChatGPT也能接入相关的平台中发挥作用。例如，客户关系管理领域的龙头企业Salesforce推出了基于ChatGPT的产品——Einstein GPT。

Einstein GPT是全球第一个CRM（Customer Relationship Management，客户关系管理）生成式AI，在提供服务、营销活动、代码开发等方面发挥着不同的作用，如图5-15所示。

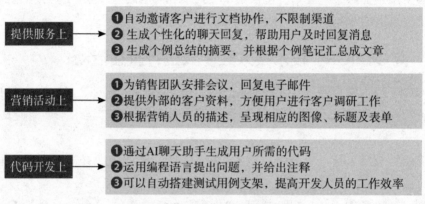

提供服务上
❶自动邀请客户进行文档协作，不限制渠道
❷生成个性化的聊天回复，帮助用户及时回复消息
❸生成个例总结的摘要，并根据个例笔记汇总成文章

营销活动上
❶为销售团队安排会议，回复电子邮件
❷提供外部的客户资料，方便用户进行客户调研工作
❸根据营销人员的描述，呈现相应的图像、标题及表单

代码开发上
❶通过AI聊天助手生成用户所需的代码
❷运用编程语言提出问题，并给出注释
❸可以自动搭建测试用例支架，提高开发人员的工作效率

图 5-15 Einstein GPT 发挥的作用

Einstein GPT除了上述作用，还可以与Slack办公软件合作，综合CRM数据和最新的市场消息，为用户提供优质的业务机会。

5.4.5 ChatGPT 接入实体机器人整合线上线下营销

ChatGPT主要的应用场景是线上的业务，而国内的服务机器人企业推出了接入ChatGPT的机器人——"Timo小鱼"，拓宽了ChatGPT的应用场景，让ChatGPT在线下也能够发挥作用。

机器人"Timo小鱼"是机器人接入ChatGPT的首次尝试，能够综合ChatGPT的语言资源和数据，实现140多种语言选择的功能和应对100多种应用场景。机器人"Timo小鱼"多用于医院导航、新零售导购、酒店营销等场景中，发挥迎宾的作用，为用户提供迎宾接待、业务咨询和业务办理等服务。机器人"Timo小鱼"在外观上拥有丰富的动态表情，可以增加用户享受机器人服务的体验感。接入ChatGPT的机器人有以下两个明显优势：

（1）针对服务业开发的机器人，要求对待用户要细心与耐心，因此，机器人"Timo小鱼"在接入ChatGPT之后，对用户的诉求会给予更完整与仔细的回复，从而增加用户的好感。

（2）机器人"Timo小鱼"针对特定的应用场景进行数据训练，能够更符合用户的需求，如机器人"Timo小鱼"应用于医院，便是针对特定医院的诊室的位置信息、专家信息等数据进行训练。

图5-16所示为机器人"Timo小鱼"。

图 5-16　机器人"Timo 小鱼"

5.5　家庭助手：ChatGPT走进家庭充当管家

ChatGPT能够为打造智慧家庭贡献一份力量，以语音助手的形式提供智能音箱服务、智能家教服务和虚拟汽车助手服务，从而让用户生活得更舒适、便捷。本节将举例介绍ChatGPT充当家庭助手的应用。

5.5.1　接入 ChatGPT 改造智能电器的语音助手

在一些智能的家居电器中，开发者尝试接入ChatGPT进行改造。例如，智能语音服务商Josh.ai开始了在家用电器中接入ChatGPT的尝试，让智能烤箱、智能冰箱等电器中的语音助手带有ChatGPT的语言数据，监督用户过健康的生活，如接入冰箱中，提醒用户处理即将过期的食物等。

接入ChatGPT的智能家居电器更显活力，通过设置能够在饭点时为用户做好烹饪的一切准备，如自动预热烤箱。

再如，阿里推出了基于AI语言大模型的智能音箱，能够为用户解答疑惑、讲脱口秀段子解闷。接入了AI语言模型的智能音箱有一定的优势，如图5-17所示。

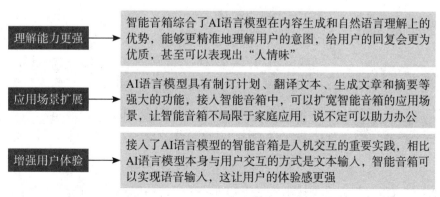

理解能力更强	智能音箱综合了AI语言模型在内容生成和自然语言理解上的优势，能够更精准地理解用户的意图，给用户的回复会更为优质，甚至可以表现出"人情味"
应用场景扩展	AI语言模型具有制订计划、翻译文本、生成文章和摘要等强大的功能，接入智能音箱中，可以扩宽智能音箱的应用场景，让智能音箱不局限于家庭应用，说不定可以助力办公
增强用户体验	接入了AI语言模型的智能音箱是人机交互的重要实践，相比AI语言模型本身与用户交互的方式是文本输入，智能音箱可以实现语音输入，这让用户的体验感更强

图 5-17　接入了 AI 语言模型的智能音箱的优势

5.5.2 推出基于 ChatGPT 的家教软件和教育助手

国外的教育应用平台Quizlet首先推出了基于ChatGPT的家教软件——Q-Chat，其可以帮助家长一对一地辅导孩子功课。

Q-Chat可以为用户提供语言教学、模拟测试、问题探讨等服务，具体如图5-18所示。

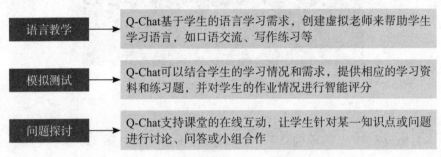

图 5-18　家教软件 Q-Chat 提供的服务

除此之外，Q-Chat还可以为教师提供智能批改作业服务，为学生提供培养好的学习习惯的帮助。

国外的实验学校Khanmigo基于GPT-4模型开发了学习助手，可以针对学生的个性化学习需求进行学习辅导。

与此同时，国内的教育企业在采取了行动，介绍如下。

（1）教育机构学而思自研数学大模型MathGPT，致力于教育教学。

（2）网易有道官方发布了基于"子曰"大模型开发的AI口语老师，可以通过角色扮演让学生寓教于乐。除此之外，AI口语老师还可以提供如图5-19所示的功能。

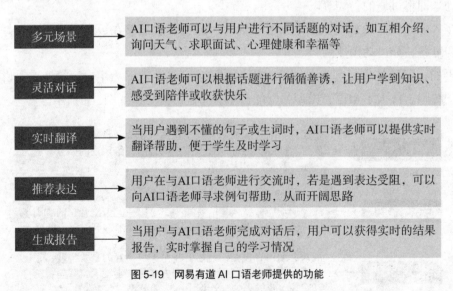

图 5-19　网易有道 AI 口语老师提供的功能

（3）科大讯飞将大模型技术应用于AI学习机中，能够提供模拟老师与用户进行口头对话、批改作文、解决数字逻辑题等功能。

5.5.3 通用汽车引入 ChatGPT 开发虚拟汽车助手

在汽车领域，通用汽车公司率先引入ChatGPT模型，开发虚拟汽车助手。虚拟汽车助手在接入ChatGPT模型后，可以发挥以下作用：

（1）提供资讯：虚拟汽车助手能够提供给用户关于车辆的信息和汽车领域的资讯，让用户及时掌握汽车动态。

（2）代办提醒：虚拟汽车助手可以整合日历数据，对车主的日程安排进行提醒，帮助用户及时完成计划清单。

（3）故障建议：若车主遇到车辆出现故障的问题，虚拟汽车助手可以提供修理帮助，如在仪表板上出现诊断灯时为车主提供行动建议。

（4）语音控制：虚拟汽车助手可以通过识别车主的语音完成一些任务，如通过识别"计划一条去××餐厅的路"的语音，进行路线规划和导航。

百度也进行了类ChatGPT模型加入智能座舱的尝试，改良车载语音助手"小度"，为车主提供更人性化、便捷性的服务。

综上，ChatGPT的应用场景会随着技术的发展会增加，实现生成式AI更多商用的可能性。

本章小结

本章主要介绍了ChatGPT接入其他软件或平台中的应用，包括办公应用、网络应用、社交文娱、商业营销和家庭助手等，让读者进一步了解ChatGPT的商用，以便后续把握ChatGPT应用的机遇。

课后习题

鉴于本章知识的重要性，为了帮助读者更好地掌握所学知识，本节将通过课后习题，帮助读者进行简单的知识回顾和补充。

1. ChatGPT接入办公领域进行办公应用，有哪些实践？

2. ChatGPT接入跨境电商可以为商家带来哪些机遇？